Claudia Körner

Rhodesian Ridgeback

Auswahl, Haltung, Erziehung, Beschäftigung

KOSMOS

Inhalt

Rundum gesund 58

Erziehung leicht gemacht 78

Freizeitpartner Rhodesian Ridgeback 104

Service 122

Geschichte und Wesen

Rhodesian Ridgebacks sind beliebte Familienhunde. Die großen, rotbraunen Schönheiten mit dem auffallenden Ridge auf dem Rücken stammen ursprünglich aus Afrika. Sie halfen bei der Jagd und bewachten Haus und Farm. Sie sind athlethisch und wachsam, aber auch sensibel.

Der Hund aus Afrika

Ridgebacks sind die einzig anerkannte Rasse, deren Wurzeln im südlichen Teil Afrikas zu finden sind. Bereits die Ureinwohner der Kapkolonien, die Khoi-Khoi, besaßen Hunde mit einem Rückenkamm, dem Ridge, der sich bis heute als Rassemerkmal etabliert hat. Die Hunde der Urbevölkerung mussten den harten Bedingungen des afrikanischen Kontinents gewachsen sein: Neben einer zähen Konstitution waren Instinktsicherheit, Schnelligkeit, Ausdauer und ein hervorragendes Reaktionsvermögen lebensnotwendig.

Echte Allrounder

Bereits im 17. Jahrhundert fanden die ridgetragenden Hunde Erwähnung in Berichten über Afrika. Als im 19. Jahrhundert der große Burentreck nach Norden begann, waren es diese Hunde, die die Menschen begleiteten und ihnen treue Dienste leisteten. Sie waren Allrounder, beschützten ihre Besitzer und deren Eigentum, halfen eifrig bei der Jagd oder trieben und schützten das Vieh.

Auch dem ruhenden Ridgeback entgeht fast nichts, er steht immer in den Startlöchern.

Vor etwa 100 Jahren waren die Ridgebacks Begleiter der Farmer und Jäger im südlichen Afrika. Sie waren geschätzte und begehrte Allrounder.

Die Hottentottenhunde, Burenhunde, Pronkkrug, Ridgebacks oder auch Löwenhunde, wie sie genannt wurden, wurden vor allem nach Leistungskriterien gezüchtet, denn es gab noch keine einheitliche Vorstellung einer Rasse. Dass Hunde mit einem „Ridge" besondere Beachtung fanden, entstand wohl eher aus Zufall, prägte sich jedoch in den Köpfen der Menschen gut ein und wurde somit schnell zu einem Charakteristikum.

Entstehung der Ridgebackzucht

Mit der Kolonialherrschaft in Afrika nahm die Jagd der Großwildjäger zu und wurde in Südafrika und vor allem im damaligen Rhodesien zu einer gesellschaftlichen Institution.

Bereits 1875 brachte der Missionar Charles Helm zwei ridgetragende Hündinnen aus dem südafrikanischen Kimberley-Gebiet nach Rhodesien, ins heutige Simbabwe. In der Nähe hatte sich der Großwildjäger Cornelius van Rooyen niedergelassen, und Referent Helm, der ihn traute, stellte van Rooyen seine zähen, leistungsbereiten Hottentottenhunde zur Anpaarung mit dessen Meute zur Verfügung. Eine Reihe europäischer Rassen wie Pointer, Airdale Terrier, Irish Terrier, Bulldoggen, Greyhounds und auch Collies fanden Verwendung in der van Rooyenschen Zucht. Ihm kam es dabei nicht auf einen einheitlichen Typ an, er legte besonderen Wert auf harte, leistungsbereite Hunde mit eiserner Konstitution. Es wird berichtet, van Rooyen habe einen Verschleiß von bis zu 70 Hunden im Jahr gehabt. Sein Motto war: Ein guter Hund ist einer, der überlebt, ein schlechter ist einer, der stirbt. Eine harte Selektion, doch für die damalige Zeit und die Bedingungen sicher nachvollziehbar. Die Van-Rooyen-Meute gelangte schnell über Rhodesiens Grenzen hinaus zu nicht unerheblichem Ruhm.

Entwicklung eines Rassestandards

Der Engländer Richard Barnes ließ sich in Bulawayo, einer Stadt im Südwesten Simbabwes, nieder und wurde Mitbegründer und Sekretär des Salisbury Kennel Clubs. Er hatte in England Pointer und Foxterrier gezüchtet und erwarb seinen ersten ridgetragenden Hund „Dingo", einen Abkömmling aus der Van-Rooyen-Meute, gezüchtet von Graham Stacey. Mit zwei weiteren

Ridgebacks begann Barnes seine Zucht unter dem Präfix „Eskdale“. 1922 gründete er mit etwa 30 Gleichgesinnten den „Lion Dog Club“, deren Mitglieder im gleichen Jahr Hunde bei der Bulawayo Kennel Club Show ausstellten.

Bei der Erstellung eines Rassestandards nahm man den des Dalmatiners als Basis und änderte lediglich die rassetypischen Besonderheiten des Ridgebacks beziehungsweise ergänzte diese.

Barnes, Edmonds und Durham legten den Rassestandard der Kennel Union of South Africa (KUSA) im Jahr 1924 vor und ließen ihn genehmigen. Sofort begann ein wahrer Boom der Ridgeback-zucht, wobei die Hunde Grootdam Given und Grootdam Leo 1924 als erste Ridgebacks im Zuchtbuch registriert wurden.

Viele weiße Farmer in Rhodesien züchteten Ridgebacks als Beschützer der Farmen und als Jagdhelfer. Diese Hunde machten die Rasse schnell weit über die Grenzen hinaus bekannt. Einige der damaligen Hunde sind bis heute in den Pedigrees unserer heutigen Ridgebacks zu finden.

Ridgebackzucht in Deutschland

Wenngleich einzelne Hunde bereits früh nach Kanada oder Großbritannien ausgeführt wurden, kamen die ersten Ridgebacks erst 1954 nach Deutschland. Rosy Brook-Risse, die Begründerin des Johokwe-Kennels in Solingen, brachte von ihrem Afrika-Aufenthalt die Hündin Susi aus einer Zucht in Bulawayo und den Rüden Rhodus mit, den sie zu Hause in Chaka umtaufte. Auf der Bundessiegerschau in Dortmund 1955 gehörten diese Hunde zu den am meisten bestaunten Exoten.

Nach anfänglichen Schwierigkeiten gelang es Frau Brook-Risse 1967 schließlich, den ersten Wurf Rhodesian Ridgebacks zu züchten. Fast zur gleichen Zeit gründete Carl Ludwig von Geipler seinen Kennel „aus dem Skaaprevier“. In vielen Pedigrees heutiger Ridgebacks sind Hunde aus diesen beiden Zuchtstätten zu finden. Inzwischen sind in den drei VDH-Vereinen gut 300 Züchter gelistet und die Zahl der Jungzüchter nimmt kontinuierlich zu.

Info | So sind Ridgebacks

Einst zur Jagd auf Großwild eingesetzt, wurden die Vorfahren der heutigen Ridgebacks einer harten Selektion unterzogen – nur die härtesten und geschicktesten Hunde überlebten unter den strengen Bedingungen des afrikanischen Kontinents zur Kolonialzeit. Viele der einzigartigen Eigenschaften sind bis heute erhalten geblieben.

Ridgebacks waren der ganze Stolz der Farmer und loyale Wächter.

Wer könnte dem Charme dieser Ridgebackmädels ernsthaft widerstehen? Dennoch sollte man sich vor der Anschaffung gut über die Eigenschaften der Rasse informieren.

Auf dem Weg zum Modehund

In den letzten Jahren stiegen die Welpenzahlen stetig an, die Entwicklung in Richtung Modehund lässt sich anscheinend kaum noch aufhalten. Die im VDH etablierten Züchter haben die Aufgabe, verantwortungsvoll mit dieser Entwicklung umzugehen und sich bei der Zucht nicht auf kommerzielle Gesichtspunkte zu konzentrieren. Es wäre schade, wenn die guten Eigenschaften der Ridgebacks, ihre Gesundheit und ihre Vielseitigkeit, letztendlich Opfer dieses Modetrends werden würden.

Innerhalb Europas sind inzwischen in allen Ländern zahlreiche Zuchten etabliert und ein reger Austausch beziehungsweise eine Kombination von Zuchtpartnern ist längst kontinentweit üblich.

Vom roten Löwenjäger zum Familienbegleithund

Das Wesen des Löwenhundes

Bei der Jagd, vor allem auf Großkatzen, kam es darauf an, dass die Hunde keinen aussichtslosen Kampf mit den überlegenen Gegnern wie zum Beispiel Löwen eingingen – sie stellten die Löwen lediglich und wichen geschickt deren Attacken aus. Das Erlegen der Löwen übernahmen die menschlichen Jäger. Hunde, die sich als unvorsichtig erwiesen, überlebten die Jagd nicht oder erlagen ihren Verletzungen. Unkontrolliertes Draufgängertum war bei den Charaktereigenschaften des Ridgebacks somit nicht erwünscht, er sollte dagegen über ein gesundes Maß an Vorsicht verfügen. Die Hunde beschützten Farmen und Personen bedingungslos.

Ebenso begleiteten sie einzelne Jäger oder auch Entdecker auf einsamen Touren durch den afrikanischen Busch und gingen mit den Menschen eine durch Nähe und Zuverlässigkeit geprägte Symbiose ein.

In die richtigen Bahnen lenken

Viele dieser ursprünglichen Wesensmerkmale sind den heutigen Ridgebacks erhalten geblieben. Nur wer die Entstehungsgeschichte der Rasse kennt, weiß diese Eigenschaften einzuordnen und mit geeigneter Erziehung in die richtigen Bahnen zu lenken.

Territoriales Verhalten, ein angeborener Schutz- und der Jagdtrieb liegen dem Ridgeback in den Genen. Eine intensive und konsequente Erziehung ist erforderlich, um diese Eigenschaften an unsere modernen Lebensbedingungen anzupassen. Die Instinktsicherheit der Löwenjäger für Gefahren ist ihnen bis heute erhalten geblieben.

Erziehung und Bewegung

Ridgebacks sind bei guter Prägung und Sozialisierung loyale, selbstbewusste und eigenständige Hunde, die sehr anpassungsfähig an unterschiedliche Lebensumstände sein können. Sie benötigen jedoch auch immer ausreichend Bewegung und liebevolle Zuwendung. In Familien mit mehreren Kleinkindern sollte man sehr gut abwägen, ob ausreichend Zeit für die Erziehung, Bewegung und Auslastung eines Ridgebacks vorhanden ist.

Versäumt man eine artgerechte, liebevolle und konsequente Erziehung, können Ridgebacks schnell ihre eigenen Wege gehen oder sich Unarten angewöhnen. Manche beginnen zu jagen, andere pöbeln Menschen an, wieder andere stellen ihre Vernichtungskünste im Haus unter Beweis.

Den Jagdtrieb kann man bei den meisten Ridgebacks gut auf andere Aktivitäten umlenken; ausreichend Bewegung und abwechslungsreiche Unternehmungen lassen den Alltag spannend genug erscheinen, um von jagdlichen Versuchungen abzulenken. Auch hier ist eine konsequente und regelmäßige Erziehung erforderlich. Hat man sich die ersten zwei Lebensjahre konsequent um die Ausbildung des Ridgebacks bemüht und sich nicht von Rückschlägen entmutigen lassen, findet man kaum einen loyaleren und vielseitigeren Begleiter auf vier Pfoten. Jede investierte Minute zahlt sich aus.

Ohne Wasser würde Bahari es mal wagen, sich die Schwäne näher anzuschauen.

Aussehen

Ridgebacks sind große, athletische Hunde mit kurzem dichtem Fell und einem markanten Streifen, dem Ridge, auf dem Rücken. Bei diesem Markenzeichen handelt es sich um einen Fellstreifen, dessen Haare entgegengesetzt der übrigen Körperhaare wachsen. Immer wieder gibt es auch ridgelose Ridgebacks, die den markanten Rückenkamm nicht tragen, sich jedoch im sonstigen Erscheinungsbild und natürlich auch im Wesen nicht von anderen Ridgebacks unterscheiden. Die Fellfarbe des Ridgebacks variiert von einem hellen weizenfarbigen Ton bis zu einem kräftigen Rötlichbraun; eine schwarze Maske ist erlaubt. Neben Hunden mit schwarzer Nase kommen auch Ridgebacks mit braunem Nasenspiegel vor, die sogenannten Livernose-Ridgebacks.

Ein wunderschöner und typvoller Ridgebackrüde in der typischen rotweizen Farbe.

Info | Loyaler Begleiter

Rhodesian Ridgebacks wurden ursprünglich als Jagdhunde im südlichen Afrika gezüchtet, daneben waren sie Beschützer der Farmen und ihrer Menschen. Heute hat sich der Ridgeback als zuverlässiger und vielseitiger Begleit- und Familienhund entwickelt, der mit liebevoller und konsequenter Erziehung zu einem wunderbaren und angenehmen Zeitgenossen wird. Er ist ein loyaler und ausgeglichener Hund mit einer hervorragenden Anpassungsfähigkeit. Der angeborene Wach- und Schutzinstinkt des Ridgebacks erfordert eine liebevolle und konsequente Ausbildung. Erfahrene Ridgebackhalter oder auch Züchter unterstützen Sie sicher gern bei der Ausbildung Ihres Ridgebacks.

Der Löwenhund als Begleiter

In den letzten Jahren erfreut sich der Rhodesian Ridgeback in ganz Europa zunehmender Beliebtheit. Längst ist der einstmals zur Löwenjagd eingesetzte Hund ein sportlicher und vielseitiger Begleithund geworden und dient als hervorragender Partner bei vielen Aktivitäten. Als Reitbegleithund, beim Radfahren, Joggen oder auch im Turnierhundsport findet man immer öfter Ridgebacks, die Spaß an sportlicher Betätigung haben. Jagdlich werden die Hunde vor allem bei der Nachsuche, der Schweißarbeit, verwendet, das heißt, sie werden auf die Spur von verwundetem Wild angesetzt und finden diese auch noch nach vielen Stunden. Arbeit auf Wild- oder auch auf künstlich gelegten Fährten bedürfen spezieller Ausbildung und erfordern viel Geduld und Zeit. Derzeit ist der Ridgeback in Deutschland noch keine anerkannte Gebrauchshunderasse, kann aber in einigen Bundesländern bereits Jagdprüfungen ablegen. Auch im Ausstellungswesen findet man viele Ridgebacks, sie sind inzwischen auf allen Ausstellungen im In- und Ausland stark vertreten, ihre Ausstrahlung und ihr ästhetisches Erscheinungsbild machen sie zu beliebten Showhunden.

Mittendrin statt nur dabei

Eines möchte der Ridgeback immer: dabei sein, sich bewegen und mit seinen Menschen zusammen etwas unternehmen! In seiner Jugendzeit sollte er möglichst täglich Kontakt zu anderen Hunden haben und sein Spielbedürfnis ausleben können, dann bleibt er lebenslang ein gut sozialisierter, ausgeglichener Hund. Wird er mit liebevoller Konsequenz erzogen, ausgebildet und an alle Alltagssituationen gewöhnt, kann man sich kaum einen zuverlässigeren Partner wünschen – draußen aktiv, drinnen ruhig und anschmiegsam. Er ist ein hervorragender Familien- und Begleithund. Den Jagdtrieb kann man mit Erziehung und Bewegung gut kontrollieren und sich für viele Sportarten zunutze machen.

Der Ridgeback ist ein arbeitsfreudiger, verträglicher, sportlicher und ruhiger Hund mit einem sensiblen Wesen. Wird er dauerhaft unterfordert oder ist zu oft und lang allein, kann er stur werden oder abstumpfen und wird seine positiven Eigenschaften nur in geringem Maße entfalten – wenn überhaupt. Wer sich einen Ridgeback möchte, sollte Spaß an Bewegung in freier Natur bei jedem Wetter haben und mindestens drei Stunden am Tag für seinen Vierbeiner erübrigen können.

Am meisten Spaß macht das Toben mit Gleichgesinnten, ein Spaziergang mit anderen Ridgebacks ist durch fast nichts zu ersetzen!

Zucht und Züchter

Sie haben sich für einen Ridgeback entschieden und freuen sich darauf, die nächsten Jahre einen solchen Hund an Ihrer Seite zu haben? Dann sollten Sie ganz besonderen Wert auf die Auswahl eines geeigneten Züchters legen.

Züchterwahl

Ein verantwortungsbewusster Züchter ist sehr bemüht um die Aufzucht und Prägung der Welpen und bleibt ein Hundeleben lang Ansprechpartner für Sie. Diese Züchter unterstellen sich den strengen Bestimmungen des VDH, des Verbands für das Deutsche Hundewesen. Innerhalb des VDH gibt es drei Ridgebackvereine, den RRCD (Rhodesian Ridgeback Club Deutschland), die DZRR (Deutsche Züchtergemeinschaft Rhodesian Ridgeback) und den Club E.L.S.A. (Club zur Erhaltung der Laufhunde des südlichen Afrikas), in denen Sie kompetente Ansprechpartner für die Auswahl einer Zuchtstätte und eines Welpen finden. Nur dem VDH angeschlossene Vereine unterliegen den strengen Bestimmungen und Kontrollen der Zucht im Hinblick auf Gesundheit und Tierschutz.

Mit dem Erwerb eines Welpen aus VDH-Zucht haben Sie die größtmögliche Chance, einen gesunden, wesensfesten und gut sozialisierten Ridgeback an Ihrer Seite zu haben. Die Kontrollen der Zuchtstätten und der Zuchthündinnen dienen auch dazu, den Tierschutz zu wahren; nur mit gesunden und geprüften Tieren darf gezüchtet werden.

Eine Freundschaft fürs Leben, ein echter Familienhund!

Gute Züchter haben Zeit

Ein verantwortungsbewusster Züchter wird stets bemüht sein, die typischen Charaktereigenschaften und das dem Ridgeback typische Erscheinungsbild in seiner Zucht zu festigen; auf die Auswahl der Zuchttiere wird er größten Wert legen.

Ebenso wird er Sie bereits im Vorfeld eines Wurfs persönlich kennenlernen wollen, er wird Sie beraten und informieren, aber auch zu Ihren Lebensumständen befragen und Ihnen eventuell sogar von der Rasse abraten, wenn nicht alle Voraussetzungen zur Haltung eines Ridgebacks geeignet scheinen. Fragen Sie den Züchter nach allen Eigenschaften seiner Hunde, nach den Kriterien zur Wahl des Deckrüden und nach der Aufzucht und Prägung der Welpen. In einer seriösen Zuchtstätte wird man Ihnen niemals einen Hund „aufschwatzen" wollen, denn die Hunde sind Familienmitglieder und man wird genau prüfen, wem man sie anvertrauen kann.

Ein guter Züchter wird sich alle Zeit der Welt für Sie nehmen und Sie gern an der Welpenaufzucht ab der vierten Woche teilhaben lassen, Sie werden immer die Mutterhündin und auch die anderen Hunde des Züchters sehen können.

Schauen Sie sich um

Scheuen Sie sich nicht, im Vorfeld mehrere Züchter anzuschauen, um dann den geeigneten für Sie zu finden. Wenn man ein Hundeleben lang Kontakt miteinander haben wird, ist es schön, wenn auch die Chemie stimmt und man in seinem Züchter einen kompetenten Ansprechpartner sieht. Ein vorausschauender Züchter wird einen

Die Auswahl der Elterntiere sollte sehr sorgfältig erfolgen.

Wurf nur dann planen, wenn er im Vorfeld genügend gute Plätze für seine Welpen gefunden hat; ein Züchten ins Blaue ist nicht ratsam und geht oft zulasten der Welpen.

Wie züchtet man Ridgebacks?

Das Zuchtziel sollte immer sein, die Rasse zu bestärken, rassespezifische Eigenschaften zu erhalten und besonders gute Vertreter in möglichst vielen Eigenschaften hervorzubringen.

Gezielte Zuchtplanung

Zum Züchten gehört auch ein kritischer Blick auf die eigenen Zuchthunde. Entsprechen sie dem Rassestandard, können sie diesen erhalten und sind sie typische, positive Vertreter ihrer Rasse? Nur mit den besten Tieren einer Population sollte man züchten, und natürlich auch nur dann, wenn sie alle Auflagen und Prüfungen des Zuchtverbandes erfüllt haben. Ein wunderschöner Hund, der jedoch an einer Erkrankung leidet, sollte ebenso wenig zur Zucht genutzt werden, wie ein Hund, der nicht annähernd dem Standard entspricht.

Zuchtbestimmungen

Die Zuchtbestimmungen dienen dazu, Vererbung von Krankheiten oder Abweichungen vom Rassestandard möglichst gering zu halten. Zulassungskriterien für die Zucht und Prüfungen sollen die typischen Eigenschaften eines Ridgebacks festigen. Tiere mit deutlichen Abweichungen vom Rassestandard sind von der Zucht auszuschließen, das betrifft auch Hunde mit deutlichen Wesensfehlern wie Aggressivität oder Ängstlichkeit. Ein verantwortungsvoller Züchter ist darauf bedacht, die Zucht positiv zu unterstützen, und wird nur mit den besten, geprüften und dem Standard entsprechenden Zuchthunden züchten. Er wird Welpeninteressenten ausführlich beraten und bei nicht passenden Lebensumständen möglicherweise auch vom Erwerb eines Welpen abraten.

Ein guter Züchter überlegt und plant einen Wurf vorausschauend – die Blutlinien der Hunde müssen passen, die Hunde sollten vom Erscheinungsbild und auch vom Wesen her harmonieren oder sich positiv ergänzen. Letztlich sollte ein guter Züchter auch bestrebt sein, die Rasse zu fördern und ein positives Bild der Rasse zu vermitteln.

Info | Abstammung

Das Pedigree oder die Ahnentafel
Die Abstammung des Hundes wird in der Ahnentafel über vier oder mehr Generationen vermerkt. Man erfährt außer den Namen der Vorfahren auch die Zuchtbuchnummer des Vereins und des Landes, in dem sie geboren sind. Zudem sind erreichte Championtitel und Gesundheitsergebnisse wie HD-Resultate bei den jeweiligen Tieren vermerkt.
Neben dem Namen des Hundes sind der Züchter, die Wurfgeschwister sowie alle Prüfungen und Zuchtzulassungen vermerkt. Jeder Hund erhält eine Zuchtbuchnummer und eine Chipnummer, die auf dem Pedigree eingetragen werden und ihn unverwechselbar machen. Bei Besitzerwechsel wird ein Eintrag auf der Ahnentafel vorgenommen. Erfolgte Würfe von Hündinnen werden ebenso dokumentiert. Die Ahnentafel gehört immer zum Hund wie ein Ausweis und vermerkt wichtige Informationen zu seiner Herkunft.

Der Verband für das Deutsche Hundewesen (VDH)

Dem VDH sind einzelne Rassehundevereine angeschlossen, die den Zuchtbestimmungen und Rahmenbedingungen unterliegen, die der Verband vorgibt. Vereine im VDH müssen die Zuchtordnungen und Bedingungen des VDH anerkennen und einhalten; so werden etwa Zuchtzulassungsprüfungen und Kontrollen der Würfe und Zuchtstätten durchgeführt. Für die Zuchttiere gibt es ein Mindest- und ein Höchstalter, außerdem ist die Häufigkeit der Zuchtverwendung einer Hündin, in manchen Vereinen auch die eines Rüden, geregelt. Die VDH-Regularien stehen dabei immer über denen der Vereine. So können Sie beispielsweise nie einen ungeimpften oder nicht gekennzeichneten Welpen aus einer VDH-Zucht erwerben.

Tipp So erkennen Sie einen seriösen Züchter

- Er verdient seinen Lebensunterhalt nicht mit der Hundezucht.
- Er nagelt Sie nicht beim ersten Besuch zu einem Vorvertrag fest oder verlangt eine Anzahlung.
- Er empfiehlt Ihnen, sich auch andere Zuchtstätten anzuschauen und sich dann in Ruhe zu entscheiden.
- Er spricht nicht schlecht über andere Züchter und deren Zucht.
- Alle Hunde leben bei ihm im Familienverband, sind in gutem Ernährungs- und Pflegezustand, sind freundlich, offen und zugänglich.
- Auch alte Hunde leben beim Züchter und werden nicht etwa abgegeben.
- Er gewährt Ihnen Einsicht in alle zuchtrelevanten Unterlagen und Gesundheitszeugnisse der Zuchthunde.
- Er hat keine Zwinger oder Homekennels, in denen die Hunde eingesperrt werden.
- Er erklärt Ihnen ausführlich alle Wesensmerkmale der Rasse, auch die unangenehmen Eigenschaften, und ist eher kritisch mit der Auswahl seiner Welpeninteressenten.
- Er stellt Ihnen auch sehr persönliche oder unangenehme Fragen zu Ihrem Leben und der Vorstellung von der Haltung eines Ridgebacks.
- Er hat während der Welpenzeit 24 Stunden Zeit zur Betreuung der Hündin und der Welpen, auch die anderen Hunde sind in dieser Zeit ausreichend betreut und bewegt.
- Er lässt Sie ab der 4. Woche an der Entwicklung der Welpen teilhaben und freut sich über regelmäßige Besuche.
- Die Welpen werden mit engem Familienkontakt aufgezogen und haben die Möglichkeit, etwa ab der 4.–5. Woche nach draußen zu gehen und einen gut ausgestatteten Welpengarten zu erkunden.
- Er hat genaue Vorstellungen zur Prägung und Sozialisierung der Welpen und realisiert diese.
- Er bleibt auch nach der Abgabe der Welpen Ihr Ansprechpartner und berät Sie gern ein Hundeleben lang.
- Er ist bemüht, den für Sie geeigneten Welpen aus dem Wurf auszuwählen, und hilft Ihnen bei der Ausbildung mit seiner Erfahrung.

Zuchtvoraussetzungen

Anforderungen an die Hunde

Der Hund, der zur Zucht zugelassen wird, muss dem Standard entsprechen und frei von Fehlern sein.
Er muss auf mindestens drei Zuchtschauen einem Zuchtrichter vorgestellt und von diesem beurteilt werden. Für die sogenannte Formwertnote muss der Hund mindestens dreimal ein Sehrgut erhalten, besser jedoch noch dreimal ein Vorzüglich. Mindestens zwei dieser Bewertungen müssen in der Erwachsenenklasse erfolgen, eine kann in der Jugendklasse erreicht werden.

Hier wird der Hund vom äußeren Erscheinungsbild her bewertet, sein Gebäude wird begutachtet, der Kopf, das Gebiss und besonders auch das Gangwerk. Danach erhält der Hund die Formwertnote und eine Urkunde.
Mit dem Erreichen des 12. Lebensmonats, bei einigen Vereinen erst ab dem 18. Monat, muss der Ridgeback auf Hüftgelenksdysplasie (HD), auf Ellbogendysplasie (ED) und auf Osteochondrosis Dissecans (OCD) im Schultergelenk geprüft und die entsprechenden Körperteile geröntgt werden. Diese Röntgenbilder werden von einem Gutachter ausgewertet und nur als frei bewertete Hunde dürfen zur Zucht zugelassen werden.

Zuchtzulassungsprüfung

Sind all diese Voraussetzungen erfüllt, wird der Hund zu einer Zuchtzulassungsprüfung angemeldet und vorgestellt. Hier wird jeder einzelne Hund einer ausführlichen Exterieurbewertung durch einen Zuchtrichter unterzogen, er wird vermessen, Rute und Gebiss werden auf Korrektheit geprüft und der Ridge wird genau begutachtet. Die Form des Kopfes, das Gangwerk und das Haarkleid werden ebenso in einem Bericht bewertet.
Anschließend wird der Hund einem ausführlichen Wesenstest unterzogen und muss auch einen Schusstest bestehen. Ist dies alles absolviert, wird der Hund als Zuchthund registriert.
Der Züchter muss vor dem ersten Züchten eine Jungzüchterschulung mit abschließender Prüfung absolvieren und dann mindestens alle zwei Jahre an einer Züchterfortbildung teilnehmen.
Außerdem muss er vor dem ersten Züchten einen Zwingernamen vom VDH und der FCI auf seinen Namen schützen lassen.

Anforderungen an die Zuchtstätte

Die Zuchtstätte muss über einen großen hellen Raum für die Geburt und die ersten Lebenswochen der Welpen verfügen. Dieser muss beheizt und im Wohnbereich des Züchters sein. Eine ausreichend große Wurfkiste mit Welpenschlupfschutz und Wärmequelle muss vorhanden sein. Ab etwa der 4. Lebenswoche müssen die Welpen freien Zugang zu einem großen Welpenauslauf haben, der mit verschiedenen Spielgeräten ausgestattet sein sollte. Für die Mutterhündin muss ein erhöhter Liegeplatz vorhanden sein, damit sie sich von den Welpen zurückziehen kann. In dieser Zeit kann auch ein beheizbares, helles Welpenhaus genutzt werden. Die Wurfstätte wird vor dem ersten Wurf und bei jedem weiteren Wurf von einem geprüften Zuchtwart kontrolliert. Erst wenn all diese Voraussetzungen erfüllt sind, kann man sich mit der Wurfplanung näher beschäftigen.

Anforderungen an den Züchter

Der Züchter muss eine Jungzüchterschulung mit Prüfung ablegen und regelmäßige Züchterschulungen besuchen. Er sollte neben Hundeverstand Zeit, Geduld und viel Engagement für die Aufzucht der Welpen haben. Die Welpeninteressenten sollte er bereits im Vorfeld ausführlich beraten und auch nach Abgabe der Welpen Ansprechpartner für die neuen Besitzer bleiben. Züchten heißt auch, eine große Verantwortung übernehmen zu können und die Rasse fördern zu wollen.

Wie findet man den passenden Züchter?

Eine ganz wichtige Voraussetzung für die Wahl des Züchters sollte Ihr Vertrauen in diesen Menschen sein. Er wird für lange Zeit Ihr Ansprechpartner sein und Sie in allen Fragen rund um Ihren Welpen beraten und Ihnen Tipps geben. Der Züchter sollte sich gut mit der Rasse auskennen und Ihnen bei der Erziehung, Ernährung und bei den Aktivitäten, die Sie mit dem Hund planen, zur Seite stehen. Er organisiert Welpentreffen oder gemeinsame Spaziergänge und kann Sie unterstützen, wenn Sie Ausstellungen besuchen oder irgendwann mit Ihrem Hund züchten möchten. Ein guter Züchter züchtet aus Passion und nicht aus kommerziellen Gründen.

Züchter haben Interesse an der Entwicklung und dem Werdegang der einzelnen Welpen, der Züchter möchte sehen, dass die Hunde gesund aufwachsen und ausgebildet werden. Er berät Sie bei den anstehenden Röntgenuntersuchungen von Hüfte, Schultern und Ellbogen, die ab einem Jahr durchgeführt werden können. Die Ergebnisse sind für die Zucht von großer Bedeutung und bestätigen gesunde Zuchttiere. Auch die Ausbildung und Vollständigkeit des Gebisses wird für einen Züchter wichtig sein, er freut sich über jeden gesunden Hund und über zufriedene und glückliche Besitzer.

Die Auswahl des Welpen

Niemand kennt die Welpen so gut wie der Züchter, der von Geburt an rund um die Uhr mit den Kleinen zusammen ist und sie beobachten kann. Er wird bemüht sein, jedem Interessenten den geeigneten Welpen zuzuteilen und den passenden Hund für die jeweilige Familie zu finden.

Eine Familie, die einen sportlichen Hund als Begleiter sucht, wird auch einen Hund mit einem nicht korrekten Ridge liebend gern zu sich nehmen, dies hat keinerlei Einschränkungen für den Hund und ist einzig ein kleiner optischer Makel. Wer einen Hund für Ausstellungen und eventuell zur Zucht sucht, wird das dem Züchter vorher mitteilen, und er wird mit Ihnen zusammen einen geeigneten Hund aus dem Wurf aussuchen; auch hier ist das Vertrauen in den Züchter eine wichtige Voraussetzung. Die Entwicklung des Temperaments und der Charakterzüge erkennt man erst mit 6–8 Wochen und es empfiehlt sich, diesen Zeitpunkt abzuwarten, um sich einen Welpen auszusuchen. Bei Ihren Besuchen wird Ihnen vielleicht auch der ein oder andere mehr ans Herz wachsen als die anderen, und in der Regel findet so jeder den für ihn besten Welpen.

Wer mit dem Hund jagdlich arbeiten möchte, sollte den Züchter bitten, einen Anlagetest auf jagdliche Eignung vorzunehmen. Der Züchter wird mehrere Welpen außerhalb des Welpengartens auf einer kleinen Fährte „prüfen“, sein Interesse an einem Hasen- oder Rehfell beobachten und Ihnen den geeigneten Welpen aussuchen.

Rüde oder Hündin?

Ob es ein Rüde oder eine Hündin werden soll, ist eine der wichtigsten Fragen bei der Wahl des neuen Familienmitglieds und eine grundlegende Entscheidung, die man möglichst schon im Vorfeld für sich klären sollte. Am besten gehen Sie mehrmals mit einem Rüden- oder einem Hündinnenbesitzer und deren Hunde spazieren oder nach Möglichkeit einmal mit einem gemischten Rudel um die Eigenschaften und Unterschiede im Alltag zu sehen.

Die Qual der Wahl: Welcher Welpe solls denn sein?

Die Hündin

Hündinnen werden alle sechs bis neun Monate läufig, dies dauert etwa drei Wochen und die Hündin hat blutigen Ausfluss. In der zweiten Woche kommt es zur befruchtungsfähigen Zeit, den sogenannten Stehtagen, währenddessen man die Hündin nicht unangeleint laufen lassen kann und sie natürlich nicht mit unkastrierten Rüden spielen darf, da es sonst zu einer Verpaarung käme. Im Anschluss an die Läufigkeit werden viele Hündinnen ruhig und bereiten sich mental auf eine bevorstehende Geburt vor; häufig kommt es zur Ausbildung von Scheinschwangerschaften, die sogar Milchbildung im Gesäuge mit sich bringen können. Die Hündin kann in dieser Zeit recht lustlos sein, an Gewicht zulegen oder auch ungern spielen wollen. Nach etwa drei Monaten, der Zeit, in der sie geworfen hätte und die Welpen größer werden, normalisiert sich der Hormonhaushalt und die Hündin ist wieder aktiv und fit. Je nachdem, wie stark sich eine Scheinträchtigkeit auswirkt, kann man überlegen, die Hündin nach der zweiten Läufigkeit kastrieren zu lassen. Dies ist jedoch ein großer Eingriff, der wohl überlegt werden sollte. Sprechen Sie dies mit Ihrem Züchter und Ihrem Tierarzt ab und lassen Sie sich alle Vor- und Nachteile erklären.

Hündinnen sind in der Regel etwas anhänglicher, familienbezogener und leichter zu führen, haben aber häufig mehr Jagdtrieb als Rüden.

Die Prägung auf Kinder sollte schon beim Züchter beginnen.

Der Rüde

Rüden sind nach Eintritt der Geschlechtsreife mit 10–12 Monaten immer sexuell aktiv und interessiert. Sie lassen sich von anderen Hunden leichter ablenken; die Spur einer läufigen Hündin kann eine Trainingsstunde mit einem Rüden zunichte machen. Rüden markieren ihr Revier und suchen auch gern mal eine Auseinandersetzung mit anderen Rüden – hier muss man besonders viel Wert auf eine konsequente und stetige Sozialisierung insbesondere mit anderen Rüden legen, damit man keinen unverträglichen Macho an der Leine hat!

Rüden können leiden, wenn Hündinnen in der Umgebung läufig sind, und sogar das Futter verweigern. Sie können aus der Vorhaut tröpfeln und verlieren ein leicht eitriges Sekret; dies ist nur in Ausnahmefällen behandlungsbedürftig. Meist sind sie die weniger passionierten Jäger, das kann allerdings in Einzelfällen auch anders sein.

Wenn Sie nicht auf das Geschlecht festgelegt sind, bitten Sie am besten den Züchter, einen Spaziergang mit Hunden aus seiner Nachzucht oder seinem Bekanntenkreis zu organisieren, und schauen Sie sich beide Geschlechter im Alltag an, bei Hundebegegnungen, im Wald mit eventuellem Wildkontakt oder sprechen Sie einfach mit Rüden- oder Hündinnenhaltern der Rasse, das hilft oft, eine Entscheidung zu treffen.

Die Prägung fürs Leben

Bereits beim Züchter werden die entscheidenden Grundlagen für ein gutes Hundeleben gelegt. Dies beginnt schon in der Wurfkiste, wenn sich die Sinne der Welpen entwickeln. Wärme, Nähe, Körperkontakt und die Prägung auf optische und akustische Reize können schon ab der zweiten Lebenswoche beginnen. Geräusche wie Föhn, Staubsauger, Musik oder auch anderer Haushaltslärm gehen so problemlos in Fleisch und Blut über und werden vom Hund nicht als beängstigend oder beunruhigend eingestuft. Viele Züchter prägen ihre Welpen bereits in dieser frühen Phase auf einen bestimmten Pfiff mit einer Hundepfeife: Bei jeder Fütterung wird ein bestimmtes Pfeifsignal gegeben; das hilft bei der späteren Erziehung ganz entscheidend und man kann lebenslang darauf zurückgreifen.

Auch die Prägung auf Kinder beginnt bereits jetzt. Haben Welpen früh Kontakt mit Kindern, ist es selten ein Problem, sie später im Umgang mit Kindern zu erziehen.

Alltagsängste überwinden

Der Welpe wird mit unterschiedlichen Reizen konfrontiert, jedoch immer in sicherer Obhut der Mutter und der Züchterfamilie, sodass er all dies frei von Ängsten aufnimmt. Ein kleiner Agility- Parcours, speziell auf Welpen zugeschnitten, kann helfen, viele spätere Alltagssituationen zu meistern und Phobien zu umgehen. Eine kleine Treppe, eine Hängebrücke oder auch ein Tunnel stellen eine gute Basis für schwierige Situationen im späteren Leben dar. Ein engagierter Züchter wird ab etwa der sechsten Woche mit den Welpen möglichst mehrmals Auto gefahren sein; sie sollten auch schon die Welt außerhalb des Welpengartens kennengelernt haben.

Besuch für die Kleinen

Viele unterschiedliche Menschen, möglichst täglich Besucher und intensiven Kontakt zu diesen, ermöglichen dem Welpen, später ein offenes, freies Verhalten gegenüber fremden Menschen zu entwickeln. Dies alles stellt zwar hohe Anforderungen an den Züchter, zahlt sich jedoch für den Hund aus. Leben mehrere Hunde in der Züchterfamilie, wird der Welpe diese auch kennenlernen. Ein guter Züchter wird zudem bemüht sein, den Welpen ab der sechsten Lebenswoche Kontakt zu sozialisierten Hunden anderer Rassen zu bieten. Wichtig ist dabei neben der Sozialverträglichkeit, dass die Tiere gesund, geimpft und entwurmt sind. Auch im Gelände entdecken die Welpen zusammen mit den Wurfgeschwistern und der Mutter schon die weite Welt und lernen für das ganze Leben. Bei einem großen Wurf wird der Züchter gern die Hilfe und Unterstützung der Welpeninteressenten in Anspruch nehmen, um das komplette Ridgebackrudel in Schach zu halten.

Der Kontakt zu Artgenossen ist das Lebenselexier für einen Welpen.

Das Abenteuer Welpe beginnt

Die Welpenzeit ist mit die spannendste Zeit in einem Hundeleben. Endlich kann der oft lang erwartete Welpe bei Ihnen und Ihrer Familie einziehen. Wer sich gut informiert hat und auf das neue Familienmitglied vorbereitet ist, ist im Vorteil. Mit Freude und Spannung beginnt ein neuer Lebensabschnitt und bereichert hoffentlich für viele Jahre Ihr Leben!

Das Warten ist vorbei

Nach mehreren Wochen oder sogar monatelanger Wartezeit ist endlich der große Moment gekommen und Sie können Ihr neues Familienmitglied abholen. Der Züchter wird Sie bereits vorher über wichtige Dinge wie Futterplan, Schlaf- und Fütterungszeiten informieren. Sicher bekommen Sie auch eine kleine Anleitung in schriftlicher Form in die Hand, sowie einen Impfpass mit Impfplan, Entwurmungsplan und einen Kaufvertrag. Entweder erhalten Sie vom Züchter eine kleine Decke, ein Kuscheltier oder ein Stück Fell, das in den letzten Wochen mit in der Welpenstube war und den bekannten Geruch der Geschwister und der gewohnten Umgebung an sich trägt. Es wird dem Welpen helfen, sich in seinem neuen Zuhause schnell einzuleben. Sie können auch ein Kleidungsstück oder ein Handtuch bei einem Ihrer Besuche beim Züchter deponieren und ihn bitten, dies mit in die Welpenkörbchen zu legen, und nehmen es dann beim Abholen mit nach Hause.

Ein Welpe kann fast alles gebrauchen, was nicht niet- und nagelfest ist.

Was Sie sonst noch bekommen

Der Züchter händigt Ihnen neben einem Futter- und Impfplan auch einen Nachweis über die durchgeführten Entwurmungen aus.

Kiruna entdeckt neugierig ihr neues Zuhause.

Außerdem erhalten Sie einen Wurfabnahmebogen zu Ihrem Welpen, in dem alle Daten zu Ihrem neuen Familienmitglied vermerkt sind. Hier ist neben dem Namen und dem Geburtsgewicht auch das Gewicht am Tag der Wurfabnahme vermerkt.

Ein vereinszugehöriger Zuchtwart hat alle Welpen einzeln untersucht, auf Wesen, Gesundheit und Ernährungszustand überprüft und alles in diesem Wurfabnahmebogen vermerkt. Etwaige Fehler, die eine spätere Zuchtverwendung des Welpen ausschließen, wie Ridgefehler, Ruten- oder Gebissfehler, werden hier ebenfalls vermerkt, und der Bogen erhält den Zusatz: nicht zur Zucht zugelassen. Das später eintreffende Pedigree enthält die gleichen Bemerkungen.

Durch die Kennzeichnung mittels Mikrochip ist der Welpe eindeutig identifizierbar.

Sicher erhalten Sie vom Züchter auch einen Vorrat des Futters, das der Welpe bisher bekommen hat, oder wahlweise von Züchtern, die roh füttern, einen ausführlichen Futterplan und eine Beratung zur Rationserstellung. Für alle Fragen zur Ernährung steht Ihr Züchter oder auch Ihr Tierarzt gern jederzeit zur Verfügung und berät Sie.

Auf geht's nach Hause!

Am besten holen Sie den Welpen in den Vormittagsstunden ab, denn dann haben Sie genügend Zeit für die Rückfahrt und der Welpe kann sich bei Tag noch die neue Umgebung anschauen und sich ein wenig einleben.

Nehmen Sie einen Trinknapf, etwas Wasser und ein Handtuch mit, falls der Welpe erbrechen sollte. In der Regel ist es nicht die erste Autofahrt Ihres Welpen und er wird die Fahrt sicher meistern. Eine Begleitperson sitzt am besten auf einer Decke auf dem Rücksitz und hat den Kleinen neben sich oder auf dem Schoß. Sicher schläft er nach den ersten Metern auf dem Deckchen, das vertraut nach seinen Geschwistern riecht. Wenn Sie einen sehr langen Heimweg haben, machen Sie unterwegs eine Pause. Fahren Sie von der Autobahn ab, legen Sie dem Welpen bereits im Auto Halsband und Leine an und gehen Sie dann an einer ruhigen Stelle ein paar Meter spazieren. Sicher wird der Welpe schnell sein Geschäft erledigen. Wenn Sie bereits einen oder mehrere Hunde haben, können sie ruhig mitfahren, sie sollten jedoch während der Fahrt vom Welpen getrennt sein. Unterwegs kann die erste vorsichtige Kontaktaufnahme auf neutralem Boden erfolgen.

Endlich zu Hause!

Endlich angekommen, darf der Welpe erst mal den Garten erkunden und sich von der Fahrt erholen sowie sein Geschäft verrichten. Leben andere Hunde in der Familie, lässt man diese nun mit dem Welpen Kontakt aufnehmen. Dann erst geht es nach drinnen und der Welpe kann in Ruhe seine neue Umgebung inspizieren. Er sollte einen gut zugänglichen Platz mit einem Körbchen oder einem Liegekissen haben, dort können Sie auch sein Schnuffeltuch aus der Welpenkiste deponieren. Zeigen Sie ihm, wo das Wasser steht, und machen Sie ihn behutsam mit allen Familienmitgliedern und Haustieren vertraut. Wenn Sie ihn gefüttert haben, setzen Sie ihn direkt danach wieder nach draußen, damit er sich lösen kann. Loben Sie ihn und machen Sie ihn mit seinem neuen Zuhause vertraut. Der Schlafplatz sollte dicht neben Ihrem Bett sein. Legen Sie sein Deckchen aus der Wurfkiste abends mit in den Welpenkorb und platzieren ihn so, dass Sie auch nachts eine Hand zu dem Welpen halten können, falls er sich unsicher fühlt. Wenn er ein Geschäft verrichten muss, wird er unruhig werden oder sein Plätzchen verlassen und herumlaufen. Sie müssen ihn schnell auf den Arm nehmen und nach draußen bringen. Wenn er sich erleichtert hat, gibt es ein dickes Lob!

Begrüßungskomitee

Auch wenn viele Freunde und Nachbarn den neuen Mitbewohner sehnsüchtig erwarten, sollten Sie Ihrem Welpen in den ersten Tagen zu viel Neues ersparen. Eine entspannte Umgebung und etwas Ruhe erleichtern ihm die Eingewöhnungszeit, während ihn unzählige Menschen, die auf ihn einstürmen, verwirren können. Das neue Zuhause ist für den Anfang schon genug, er muss sich mit allem langsam vertraut machen. Eine Reizüberflutung gleich zu Beginn kann mehr schaden als nutzen und man sollte dies den sicher verständnisvollen Besuchern erklären.

Der beste Schlafplatz ist direkt neben dem Bett des Besitzers.

Schlafplatz

Der Schlafplatz neben dem Bett ist Bedingung und wird sehr schnell akzeptiert. Der Welpe spürt Ihre Nähe und wird nicht unsicher sein. Wenn Sie ihn ins Bett lassen, müssen Sie sich darüber im Klaren sein, dass Sie zukünftig einen Bettgenossen haben werden. Einmal nachgegeben und das Bett mit ihnen geteilt, sind Ridgebacks meist unnachgiebige Kämpfer, um ihre einmal erlangten Privilegien zu behalten. Und denken Sie daran, ein Welpe ist noch klein, doch ein ausgewachsener Ridgeback in voller Länge und Breite wird Ihnen nicht allzu viel Matratze übrig lassen. Erstaunlicherweise halten Ridgebacks, die im Bett schlafen, von Anfang an schon die ganze Nacht durch, ohne sich entleeren müssen. Aber auch mit dem Schlafplatz in direkter Nähe zu Ihnen wird er schnell lernen, die Nacht durchzuschlafen, und erst in den Morgenstunden nach draußen müssen.

An den Alltag gewöhnen

Ihr Welpe gewöhnt sich schnell an feste Tagesabläufe. Füttern Sie ihn am Anfang immer etwa zur gleichen Zeit, dann können Sie auch die Entleerungszeiten ungefähr abschätzen. Die erste Fütterung am Morgen kann so gegen 7 Uhr sein, nachdem der Welpe zum ersten Mal seine Geschäfte draußen verrichtet hat. Innerhalb einer Stunde wird er sich ein weiteres Mal entleeren müssen, das kann man gut mit dem ersten Spaziergang des Tages verbinden.

Die nächste Mahlzeit sollte gegen 12 Uhr gefüttert werden, auch danach muss das Hundekind nach draußen und sich entleeren. Wenn Sie die letzte Mahlzeit des Tages gegen 17 Uhr geben, kann sich der Welpe nochmals vor dem Zubettgehen zwischen 22 und 23 Uhr erleichtern und hält dann in der Regel bis zum nächsten Morgen durch. Muss er dennoch nach draußen, nehmen Sie sich eine Taschenlampe mit, das erspart Zeit, nimmt die Angst vor der

Bett oder Nicht-Bett, das ist hier die Frage. Ist das nächtliche Lager einmal geteilt, lässt sich der Hund kaum noch davon abbringen.

Dunkelheit und Sie können kontrollieren, ob sich der Welpe gelöst hat. Lassen Sie sich jedoch keinesfalls auf nächtliche Spielversuche ein, sonst gewöhnen sich die Welpen schnell daran und Sie dürfen zukünftig jede Nacht mit ihm spielen. Und wer hat schon Lust, mitten in der Nacht im Schlafanzug im Garten zu stehen und seinen Welpen zu bespaßen?

So wird der Welpe stubenrein

Ist der Welpe in einer Zuchtstätte aufgewachsen, in der die Hunde freien Zugang nach draußen hatten, etwa mit einer Hundeklappe, hat er in Sachen Stubenreinheit schon eine gute Grundlage oder ist vielleicht sogar schon ganz stubenrein. Wenn nicht, müssen Sie die Augen offen halten und ihn bei ersten Anzeichen in den Garten verfrachten, damit er bald sauber wird.

Fein gemacht!
Sie müssen ihn in den ersten Tagen und Wochen genauestens beobachten und sofort reagieren, wenn er ein Plätzchen zum Pipimachen sucht. Zeigen Sie ihm einen etwas geschützten Platz im Garten, der aber trotzdem gut zu erreichen ist, und loben Sie ihn überschwänglich, wenn er sein Geschäft verrichtet hat. Die meisten Welpen mögen sich auf Gras oder Erde lösen, auf befestigtem Boden fällt es deutlich schwerer. Hat er sich gelöst, kommentieren Sie dies sofort mit einem bestimmten Signal, etwa „Pipi fein“, und freuen sich mit dem Welpen. Schnell wird er verknüpfen, dass er fürs Pipimachen gelobt wird. Passiert ein Malheur drinnen auf dem Teppich, ignorieren Sie es einfach und tragen den Welpen nach draußen zum Löseplatz.

Gut beobachtet!
Am Anfang wird der Welpe nach jedem Schlafen, nach jeder Mahlzeit, in Spielpausen und mindestens alle 2 Stunden Pipi müssen, ein Häufchen kann 4- bis 6-mal pro Tag vorkommen. Beobachten Sie Ihren Welpen gut, meist läuft er suchend im Zimmer umher, bevor er sich löst. Wenn Sie schnell genug reagieren und ihn nach draußen tragen, dann das Lösen an der richtigen Stelle mit freundlichen Worten belohnen, wird dies schnell zur Routine.

Wenn es mit der Stubenreinheit nicht so klappt, sollten Sie geduldig sein und mit Ruhe reagieren. Der Kleine versteht es nicht, wenn er für sein Geschäft am falschen Ort bestraft wird, und es irritiert ihn nur – zeigen Sie ihm immer wieder in aller Ruhe, dass er nach draußen gehen muss. Manche Welpen sind in wenigen Tagen stubenrein, das spricht auch für eine gute Beobachtungsgabe des Besitzers und ein gutes Einfühlungsvermögen.

Schlechtwetter-Muffel

Ein leidiges Thema bei Ridgebackwelpen ist manchmal die Stubenreinheit bei Regen oder in der kalten Jahreszeit. Auch wenn der Welpe schon stubenrein war und alles im Garten erledigt hat, kommt es am ersten Regentag zu einem Rückfall und er macht auf den Teppich – jetzt gilt es, konsequent zu bleiben und nicht nachzugeben: Gehen Sie nach draußen, und wenn er nicht freiwillig mitkommt, tragen Sie ihn und setzen ihn an den gewohnten Löseplatz. Es geht erst wieder ins Trockene, wenn Ihr Welpe sich gelöst hat. Wenn Sie nun nicht beharrlich bleiben, kann es passieren, dass Ihr Hund zukünftig bei schlechtem Wetter den Teppich vorzieht, anstatt sich nasse Pfoten zu holen. Es kann auch vorkommen, dass sich Ihr Ridgebackwelpe bei Regen oder im Winter nicht zu einem Spaziergang überreden lässt – ziehen Sie nicht an der Leine, wenn er gar nicht mitkommen mag, sondern setzen Sie ihn am besten ins Auto und fahren ein kleines Stück zur Wiese oder zum Waldrand. Hier wird der Folgetrieb größer sein als die Abneigung vor dem schlechten Wetter, und auch die Geschäfte werden nicht lange auf sich warten lassen. Lernt der Welpe, dass man auch bei schlechter Witterung auf „Außentoilette“ besteht, wird das Thema erledigt sein. Auch hier ist es ganz wichtig, dass Sie den Welpen immer ausgiebig loben und sich über das Geschäftchen freuen.

Tipp | Ein Welpe muss

- nach jeder Mahlzeit
- nach jedem Schlafen
- in Spielpausen, mindestens jedoch alle zwei Stunden tagsüber
- nachts, wenn er aufwacht und sich suchend im Zimmer bewegt

Grundausstattung

Einen Teil der Grundausstattung erhalten Sie meist bereits vom Züchter; erkundigen Sie sich, was Sie auf jeden Fall besorgen müssen. Neben dem Futter, an das der Welpe gewöhnt ist, benö-

Auch Leinenführigkeit muss erst erlernt werden.

tigen Sie zwei Näpfe, einen für Wasser und einen für Futter. Die Näpfe sollten eine rutschfeste Gummierung am Boden haben.

Halsband und Leine

Ein Halsband, am besten etwas abgepolstert und verstellbar, sowie eine Leine werden ab dem ersten Tag benötigt. Viele Welpen sind bereits vom Züchter an Leine und Halsband gewöhnt, das erleichtert Ihnen die Erziehung. In der kalten Jahreszeit ist die Anschaffung eines Leuchthalsbandes von Vorteil, Sie können Ihren Welpen so auch im dunklen Garten sehen oder auf der Wiese bei Dämmerung. An Straßenübergängen bieten die gut sichtbaren Halsbänder einen zusätzlichen Schutz.

Schlafplatz und Bürsten

Ein bis zwei Liegeplätze, als Körbchen oder gepolsterte Schaumstoffbetten möglich, sollten vorhanden sein. Wählen Sie einen Schlafplatz direkt neben Ihrem Bett, den anderen in dem Bereich, in dem Sie sich hauptsächlich aufhalten. Es kann bei einem größeren Haus auch erforderlich sein, dass Sie in mehreren Räumen Liegeplätze anbieten, da gerade Ridgebacks die Nähe ihrer Besitzer suchen und sich es dort gemütlich machen, wo sich die Bezugsperson aufhält.

Eine Naturhaarbürste zur Fellpflege und Handtücher zur Pfotenreinigung nach dem Spaziergang gehören auch zur Grundausstattung.

Spielsachen

An Spielsachen sollten Sie einige Kuscheltiere haben, beliebt auch mit Quietschgeräusch, und vielleicht einen Ball aus Gummi oder Leder, einen Seilknoten, verknotete Tücher oder ein altes T-Shirt, dass sie zusammengeknotet haben.
Auch ein Futterball oder ein meist aus Holz gefertigtes „Interaktives Spielzeug“ – hier müssen Leckerli aus Holzkonstruktionen herausgesucht werden – bieten eine interessante Beschäftigungsmöglichkeit für den Welpen und Junghund. Gerade bei schlechtem Wetter ist es eine gute Alternative, um den Hund auszulasten.

Kuscheltiere sind tolle Welpenspielsachen und halten so mancher Beißattacke geduldig stand.

Was Sie sonst noch haben sollten

Wurde der Welpe bereits vom Züchter auf einen Pfeifton trainiert, empfiehlt es sich, diesen weiter zur Ausbildung zu verwenden. Dafür benötigen Sie eine Hundepfeife.

Ein Buch über Welpenerziehung sollte zu Ihrer Ausrüstung gehören und eventuell ein vom Tierarzt erstelltes „Erste-Hilfe-Paket" mit Zeckenzange, Desinfektionsmittel und etwas Verbandsmaterial.

Außerdem bietet sich eine kleine Decke an, die Sie mitnehmen können, wenn Sie unterwegs sind oder beispielsweise ins Restaurant gehen.

Kauknochen in verschiedenen Größen sind eine willkommene Beschäftigungsmöglichkeit für den Welpen und sollten mehrmals pro Woche angeboten werden.

Tipp | Erstausstattung

- Schaumstoffbetten, am besten mehrere mit Einlagefellen
- Zwei Näpfe für Futter und Wasser, rutschfest
- Spielzeug, Kuscheltiere, Seilknoten, Futterball, Kauringe, Beißspielzeug
- Leine und Halsband, eventuell Leuchthalsband
- Zeckenzange, Erste-Hilfe-Set
- Bürste, Handtücher, Decken

Versicherung und Steuer

Ab dem Tag, an dem der Welpe bei Ihnen einzieht, muss er haftpflichtversichert sein. Auch ein kleiner Hund kann großen Schaden verursachen und die Kosten können unüberschaubar werden, etwa wenn der Hund einen Autounfall verursacht oder jemanden zu Fall bringt. Wählen Sie eine Versicherung, die Schäden auch in voller Höhe übernimmt. Hier zu sparen kann teuer werden, lassen Sie sich beraten und informieren Sie sich, bevor der Welpe bei Ihnen einzieht.

Krankenversicherung

Manche Hundehalter schließen eine Krankenversicherung für ihren Welpen ab. Hier gibt es Versicherungsvarianten, die alle Erkrankungen und auch einen festen Betrag für Impfungen und Ähnliches erstatten, und reine OP-Versicherungen, die nur im Falle einer Operation die damit verbundenen Kosten erstatten. Den Abschluss einer Krankenversicherung sollte man immer genau abwägen und prüfen. Meist zahlt man mehr an Beträgen ein, als der Hund tatsächlich an Tierarztkosten benötigt, denn Unfälle mit großen Operationen sind zum Glück recht selten.

Hundesteuer

In jeder Stadt oder Gemeinde muss Hundesteuer entrichtet werden; die Beträge sind sehr unterschiedlich und bei der Gemeindeverwaltung zu erfragen. In der Regel hat man eine kleine Karenzzeit, um den Hund anzumelden, meist etwa drei Monate. Die Steuer wird dann jährlich abgebucht, solange der Hund lebt.

Welpenschule

Der Besuch einer Hundeschule mit Welpengruppe ist ganz wichtig für Ihr neues Familienmitglied. Hier hat er die Möglichkeit, sich mit seinen Artgenossen auseinanderzusetzen, zu spielen, seine Kräfte zu messen und Sozialkontakte zu fördern. Am besten schaut man sich infrage kommende Hundeschulen bereits schon einmal an, bevor man den Welpen bekommt, und wählt dann die aus, die einem am ehesten zusagt. Wenn sich der Welpe nach einigen Tagen gut bei Ihnen eingelebt hat, können Sie den ersten Besuch in der Welpengruppe starten. Achten Sie darauf, dass nicht gleich zu viele Welpen in der Gruppe sind und möglichst auch keine, die älter als 16 Wochen sind. Ein Ansturm von großen, starken, kernigen Junghunden ist für einen Welpen eine ziemliche Belastung, deshalb sollten die anderen Hunde in Alter und Größe abgestimmt sein. Neben den wichtigen Sozialkontakten werden in der Welpengruppe auch bereits die ersten spielerischen Schritte zur Erziehung und zum Gehorsam gelegt. Die Welpen lernen das Kommen und die ersten Schritte zur Leinenführigkeit sowie einige Grundsignale. Wichtig ist immer, den Welpen nicht zu überfordern, gerade am Anfang kann eine ganze Stunde schon zu lange sein und man sollte vorher abbrechen. Stellt man Ermüdungserscheinungen fest, beendet man die Stunde nach Absprache mit dem Trainer möglichst mit einer positiv ausgeführten kleinen Übung. Schnell nimmt die Kondition und auch die Aufnahmebereitschaft zu, und in den nächsten Wochen wird Ihr kleiner Ridgeback eine ganze Stunde durchhalten. Dieser Welpenkindergarten ist sehr wichtig, denn Sozialkontakte zu gleichaltrigen Welpen bilden die Basis für eine gute Sozialverträglichkeit der erwachsenen Hunde.

Sparringspartner sind unersetzlich für ein glückliches Hundeleben.

Welpentreffen

In der Regel bieten die Züchter ein oder mehrere Welpentreffen im Alter von etwa 6 bis 12 Monaten an. Man kann die Entwicklung der Junghunde beobachten, sich mit den Besitzern der Geschwister austauschen und sich vom Züchter oder auch vom Deckrüdenbesitzer, sofern er auch da ist, wertvolle Tipps zur Erziehung geben lassen. Mit Spaziergängen, interessanten Spielen oder einem kleinen Geschicklichkeitsparcours werden die Welpentreffen zu einem tollen Erlebnis und die Geschwister werden sehr viel Spaß miteinander haben. Ein schön organisiertes Welpentreffen ist immer eine Bereicherung für alle Teilnehmer und macht allen Spaß!

Die Umwelt entdecken

Es gibt viel zu entdecken

In den ersten Lebenswochen eines Welpen werden grundlegende Weichen für die gesamte Entwicklung gestellt. Alles, was er jetzt lernt, wird er wie ein Schwamm in sich aufsaugen. Zeigen Sie ihm jeden Tag behutsam etwas Neues und geben Sie ihm Zeit, alles auf sich wirken zu lassen. Überfordern Sie ihn dabei nicht und festigen Sie die Bindung zu Ihrem Welpen durch intensiven Kontakt und Begleitung bei all seinen Abenteuern.

Autofahren

Wenn Ihr Welpe bereits beim Züchter gelernt hat, Auto zu fahren, wird er sich problemlos an Ihr Auto gewöhnen. Mit kleinen Fahrten zur Hundewiese, in den Wald oder zu einem netten Hundefreund wird der Welpe das Autofahren schnell lieben. Fahren Sie vorsichtig und langsam und zunächst nur kurze Strecken, bald schon können Sie diese erweitern. Fahren Sie zu Beginn täglich, selbst wenn Sie die besten Wege direkt vor der Tür haben – so wird Autofahren schnell zur Routine werden.

Kontakt mit Wasser

Ridgebacks gelten eher als zurückhaltend in Sachen Wasser, selten sind sie spontane Wassersportler. Nimmt man sich jedoch Zeit und hat die Möglichkeit, selbst ins Wasser zu gehen, kann man auch junge Ridgebacks dazu überreden, eine Pfote ins Wasser zu setzen. Andere Hunde, die gern ins Wasser gehen, oder ein ganz besonderes Leckerchen erleichtern das Schwimmenlernen. Wenn das Schwimmtraining spannend gestaltet wird, wird auch Ihr Ridgeback schnell schwimmen lernen und seine Freude am Wasser haben – zumindest in der warmen Jahreszeit! Bewahren Sie am Anfang die Geduld – irgendwann klappt es von ganz allein.

In der Stadt

Ihr Welpe sollte auch lernen, sich in der Fußgängerzone, an Straßen und auf belebten Plätzen zu bewegen. Eine kleine Fahrt mit Bahn, Bus oder Straßenbahn kann eingebaut werden, ebenso wie der Besuch in einem Kaufhaus oder auf einem Flohmarkt. Halten Sie diese Ausflüge jedoch zeitlich begrenzt, damit es nicht zu einer Reizüberflutung kommt. Alle Eindrücke müssen verarbeitet werden und sich setzen können. Sparen Sie nicht mit Lob und Leckerli, wenn er sich unerschrocken durch die urbane Geräuschkulisse traut. Auch Aufzugfahren, glatte Kaufhausböden und große Menschenmengen lernt der Welpe bei Ausflügen in die Stadt kennen. Gestalten Sie die Stadtabenteuer nicht zu lang, sonst kann dies schnell zu einer Reizüberflutung bei Ihrem Welpen führen.

Gemeinsam kann man so viel lernen und entdecken!

Die Natur erkunden

Der Welpe wird seine Umwelt mit Spannung erkunden; so viele Gerüche, Geräusche und Farben – alles wird mit Neugier untersucht und begutachtet. Ein Mauseloch oder ein Ast ist ebenso interessant wie die vielen Düfte, die es in Wald und Feld zu riechen gibt! Vieles wird er ins Mäulchen nehmen und auf Verwertbarkeit prüfen. Vor anderen Dingen hat er vielleicht Respekt und tastet sich mit Ihrer Unterstützung langsam heran – der Drang nach Entdeckungen scheint unendlich groß, und es ist wunderbar, einen Welpen beim Abenteuer Umwelt zu beobachten.

Junghunde gehen nicht immer gerade zärtlich miteinander um, nur wenn das Spiel zu wild wird, sollte der Mensch eingreifen.

Hundekontakte

Neben der Bindung zu Ihnen gehören Hundekontakte zu den wichtigsten Ereignissen im Leben eines Hundes! Man sollte darauf achten, dass gerade am Anfang nur sozialverträgliche Hunde mit dem Welpen spielen und toben. Am schönsten ist es, wenn sich mehrere etwa gleichaltrige Hunde unterschiedlicher Rassen zum Spielen versammeln können. Dabei muss man schauen, dass kein Welpe gemobbt wird oder sich zu dominant verhält. Ein regulierendes Eingreifen durch den Menschen hilft den Junghunden, Grenzen bei zu grobem Spielen einzuhalten. Ein Hund, der ab der Welpenzeit immer wieder mit unterschiedlichen Hunden spielen und rennen kann, hat später auch eine gute Basis, um zu einem souveränen, freundlichen und gut verträglichen Begleiter zu werden.

Ridgebacks und Kinder

Leben Kinder in der Familie, gewöhnen sich Hund und Kinder von Beginn an aneinander, wobei einige Regeln im Zusammenleben eingehalten werden müssen. Hunde, besonders Welpen, und Kinder sollten immer nur in Anwesenheit eines Erwachsenen miteinander spielen, denn die messerscharfen Milchzähne eines Welpen können ein Kind ungewollt verletzen. Kleinkinder müssen in den ersten Lebensmonaten eines Welpen oft vor dessen wilden Spielattacken geschützt werden. Zugleich sollten die Kinder lernen, den Ruheplatz des Hundes und seinen Schlaf zu respektieren und eine sogenannte Tabuzone einzuhalten. Futter und Knochen sollten dem Junghund auf keinen Fall im Beisein von Kleinkindern zur Verfügung stehen; der Hund muss erst lernen, dass er sein Futter nicht verteidigen darf.

Kinder und Hunde, die miteinander aufwachsen, lernen gegenseitigen Respekt und vertrauensvollen Umgang miteinander, ein in der Familie sozialisierter erwachsener Ridgeback wird Ihren Kindern ein guter Freund und Partner sein. Fremde Kinder, die zu Besuch sind, sollten nie allein mit dem Familienhund ohne erwachsene Begleitung gelassen werden.

Mit Mantel schick: nur ein Tick?

Heute gibt es für fast alle Hunderassen Mäntel und Decken in vielen Variationen – von manchem Hundehalter milde belächelt, von anderen als unerlässlich für die nasskalte Jahreszeit angepriesen. Tatsächlich haben Ridgebacks keine Unterwolle und ein sehr kurzes, dicht anliegendes Haarkleid. In manchen Situationen macht es durchaus Sinn, einen Wind-, Regen- und selten auch einen Kälteschutz anzulegen. Wenn sich der Hund bewegen kann und es nur kalt ist, benötigt er keinen Hundemantel. Bei windigem, nasskaltem Novemberwetter und längerer Bewegung ist eine Regendecke dagegen durchaus angesagt und wird von den Hunden schnell akzeptiert und geschätzt. Als Begleiter auf der Langlaufloipe, am Pferd oder beim Joggen im Schneeregen kann man den Ridgeback gut mit einer passenden atmungsaktiven Sportdecke schützen. Auch ältere Hunde mit Rückenproblemen oder Gelenkschmerzen wissen eine warme Decke im Winter sehr zu schätzen. Das hat nichts mit Verpäppelung zu tun und macht den Hund nicht weniger widerstandsfähig, es ist einfach eine angenehme Regelung für wirklich schlechtes Wetter.

Im Winter bei sehr eisigen Temperaturen schätzen Ridegbacks auch strapazierfähige Mäntel oder Fleece-jacken.

Vom Welpen zum Hund

Die ersten Lebenswochen

Welpen werden blind und taub geboren, die Orientierung erfolgt in den ersten Lebenstagen über Geruchs- und Tastsinn. Mit Pendelbewegungen des Kopfes und Vorwärtsrobben finden sie den Weg zur Zitze. Ab dem zehnten Tag öffnen die Welpen die Augen. Ab der zweiten Woche werden erste Gehversuche unternommen.

Aufgaben des Züchters

Der Züchter wacht nun neben der Wurfkiste. Das Gesäuge der Mutter wird mehrmals täglich kontrolliert, um eventuelle Entzündungen zu erkennen. Die Welpen werden täglich gewogen. Bereits hier ist intensiver Körperkontakt mit den Welpen förderlich für die Prägung.

Die 5.–8. Woche

Die Welpen nehmen bereits erstes Futter auf. Die Spiele werden ausgebaut. Die Umgebung wird erkundet und die Sinnesreize geschult. Inzwischen sind auch die Zähnchen durchgebrochen. Die Welpen entwickeln ihre eigenen Charaktere und werden zu kleinen Persönlichkeiten. Alles, was sie jetzt lernen, prägt sie für das spätere Leben.

Aufgaben des Züchters

Der Züchter bietet den Welpen viel Abwechslung. Neben einem Abenteuerspielplatz lernen die Welpen den Kontakt zu anderen Hunden kennen, Auto fahren, die Umgebung, Kontakt mit Menschen und Kindern sowie viele Alltagsgeräusche. Der Alltag sollte spannend sein und dennoch feste Rituale enthalten und Rückzugsmöglichkeiten bieten.

9.–24. Woche

Nun muss der Welpe das Leben in seiner neuen Familie kennenlernen. Er wird viele Eindrücke bekommen, sein Entdeckungswille ist riesig und er wird sich schnell zurechtfinden. Sein Bewegungsradius wird größer und er kann schon kleine Spaziergänge absolvieren und in der Hundeschule mit gleichaltrigen Welpen neue Dinge lernen.

Aufgaben des Besitzers

Bauen Sie das Vertrauen Ihres Welpen auf, intensivieren Sie die Bindung, indem Sie sich viel Zeit für den Kleinen nehmen. Unternehmen Sie viel mit ihm und geben Sie ihm Zeit, Neues zu verarbeiten. Besuchen Sie eine Welpenschule und geben Sie ihm die Möglichkeit, Sozialkontakte mit verträglichen Hunden aufzubauen.

Die Pubertät, 9.–14. Monat

Die Hormone beeinflussen den Junghund. Alles ist neu und interessant, Hündinnen werden läufig und verändern sich auch im Wesen, sie werden ruhiger und wollen vielleicht phasenweise weniger spielen. Rüden beginnen, das Bein zu heben, und suchen vielleicht auch mal eine Auseinandersetzung mit Artgenossen. Das Interesse für das andere Geschlecht ist oft größer als das am Besitzer.

Aufgaben des Besitzers

Nicht verzagen, auch wenn man in dieser „Nichts-geht-mehr-Phase" denkt, dass der Hund alles Erlernte wieder vergessen hat. Konsequenz ist angesagt; viele Übungen, Geduld und Abwechslung lassen auch diese schwierige Zeit überstehen.

Endlich erwachsen, ab dem 2. Lebensjahr

Jetzt wird sich der junge Ridgeback zu einem souveränen Hund entwickelt haben. Er kennt alle Grundsignale, hat Spaß an sportlichen Aktivitäten. Hat er eine Aufgabe, zeigt er sich als ausgeglichener und ruhiger Familienhund.

Durch Dick und Dünn

Jetzt sind Sie am Ziel und haben den Hund, den Sie sich gewünscht haben: einen souveränen Freund, der Sie bei all Ihren Unternehmungen begleitet. Die Bindung festigt sich zunehmend. Viele Möglichkeiten stehen Ihnen offen und warten auf Ihren Einsatz.

Der Hund wird älter

Ab dem 10. Lebensjahr etwa wird der Ridgeback ruhiger und vielleicht ist er inzwischen auch körperlich nicht mehr so fit. Die Spaziergänge werden etwas kürzer, der Spieltrieb lässt nach. Das Gehör wird eventuell schlechter und die Hunde werden gemütlicher.

Verständnisvolles Miteinander

Schrauben Sie die sportlichen Aktivitäten etwas zurück und passen Sie die Bewegung dem Alter Ihres Freundes an. Halten Sie ihn dennoch bei guter Kondition, denn das ist wichtig für das Allgemeinbefinden. Geben Sie ihm nie den Eindruck, auf dem Abstellgleis zu sein, und lassen Sie ihn weiterhin an Ihrem Leben teilhaben.

Gepflegt von Kopf bis Pfote

Das kurze Fell des Ridgebacks stellt nur wenige Ansprüche an die Pflege. Neben regelmäßigem Bürsten mit einer weichen Naturhaarbürste ist eine Massage mit einem Gummistriegel empfehlenswert und fördert auch die Bindung und das Vertrauen zwischen Mensch und Hund.

Fellpflege

Das Fell des Ridgebacks ist kurz und glänzend und hat keine Unterwolle, das macht die Pflege denkbar einfach. Bürsten Sie ihn alle paar Tage mit einer Naturhaarbürste und nehmen Sie etwa einmal die Woche mit einem speziellen Gummistriegel die losen Haare aus dem Fell – das ist schon alles. Nach dem Spaziergang kann man schmutzige Pfoten und den Unterbauch mit einem trockenen Tuch abreiben, auch ein nass gewordener Hund ist ganz schnell trocken. Im Sommer sollte man den Hund nach jedem Spaziergang nach Zecken absuchen, meist sind diese mit dem bloßen Auge auf dem kurzen Fell zu sehen und man erspart dem Hund den Zeckenschutz.

Während des Fellwechsels oder nach einem Wurf oder einer Scheinschwangerschaft kann Ihr Hund verstärkt haaren; häufigeres Bürsten und eventuell die Zugabe spezieller Fettsäuren zur Nahrung beheben dies jedoch in kurzer Zeit.

Kurzhaarige Hunde lassen sich gut nach Zecken absuchen.

Die Augen werden vorsichtig mit einem sauberen Tuch gereinigt, das Fell mit einer weiche Bürste gebürstet.

Baden

Eigentlich muss man den Ridgeback nicht baden, dies beschränkt sich in der Regel auf die Fälle, in denen sich der Hund in Mist, Aas oder anderen geruchsintensiven Dingen gewälzt hat – ein ganz natürliches Bedürfnis aller Hunde. Ridgebacks lieben das Baden oder Duschen nicht sonderlich, und wegen der Körpergröße ist es auch nicht ganz einfach, sie allein in die Wanne oder Dusche zu heben – freiwillig klettern sie meist nicht hinein.

Gewöhnung an die Fellpflege

Bereits im Welpenalter sollte man mit der Gewöhnung an die Fellpflege beginnen. Ein klares Hörzeichen wie zum Beispiel „Steh" und ein leichtes Halten unter dem Bauch unterstützen das Prozedere. Ridgebacks sind häufig sehr eigen und können sich anfänglich sträuben oder versuchen, sich der Prozedur zu entziehen; Ruhe, Konsequenz und hinterher eine tolle Belohnung machen Pfotenabwischen oder Fellbürsten schnell zu einer angenehmen Alltäglichkeit.

Augenpflege

Die Pflege der Augen ist denkbar einfach: eventuell im inneren Augenwinkel gebildetes Sekret – vor allem morgens nach dem Aufwachen – wird mit einem sauberen Tuch vorsichtig entfernt. Tränende oder rot unterlaufende Augen oder gar gelblicher oder grüner Ausfluss müssen unbedingt einem Tierarzt vorgestellt werden.

Es kann eine Bindehautentzündung vorliegen, dann wird der Tierarzt Ihnen eine Salbe oder Tropfen verordnen, die regelmäßig eingegeben werden müssen. Wenn einseitiger Ausfluss vorliegt und das Auge zugekniffen wird, kann ein Fremdkörper oder eine Verletzung der Hornhaut die Ursache sein. Dies erfordert dringend einen Tierarztbesuch.

Krallenpflege

Normalerweise werden die Krallen gut abgelaufen und sie müssen nicht gekürzt werden. Bei Bewegung auf vorwiegend weichem Untergrund, im Winter, bei älteren Hunden oder auch bei Fehlstellungen der Pfoten ist dies jedoch erforderlich und sollte ebenfalls ab dem Welpenalter geübt werden. Man kann die Krallen vorsichtig feilen oder mit einer speziellen Krallenzange kürzen. Man muss beachten, dass nur die Hornspitze gekürzt wird. Schneidet man zu weit, wird das Blutgefäß getroffen. Dies ist schmerzhaft für den Hund

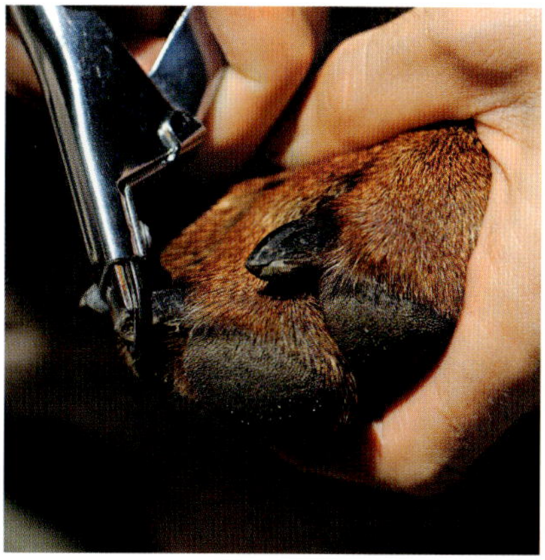

An die regelmäßige Zahnkontrolle sollte der Hund von Anfang an gewöhnt werden, ebenso an das Krallenschneiden.

und kann zu heftigen Blutungen führen. Wenn Sie sich das Krallenschneiden nicht zutrauen, können Sie es von Ihrem Tierarzt zeigen lassen. Vergessen Sie nicht, Ihren Hund zu belohnen, wenn er brav war.

Ohrenpflege

Die Ohren müssen regelmäßig auf Geruch und Verschmutzung kontrolliert werden. Normalerweise muss man sie nicht reinigen, es sei denn, es finden sich Schmutzpartikel oder aber ein brauner, übel riechender Belag im Ohr – das kann ein Hinweis auf eine Entzündung oder einen Befall mit Hefepilzen sein und bedarf der tierärztlichen Behandlung. Der Tierarzt wird das Ohr reinigen und Ihnen eine Emulsion mitgeben, die Sie täglich ins Ohr träufeln müssen. Manche Entzündungen können auch sehr schmerzhaft sein oder den Hund zum Kratzen verleiten, dann entstehen Verletzungen am Gehörgang oder an der Ohrmuschel, die behandelt werden müssen. Kopfschiefhaltung oder massives Kratzen am Ohr sind meist Hinweise für eine Ohrentzündung, auch ein Fremdkörper, wie zum Beispiel eine Getreideähre, können im Ohr stecken und erfordern auf jeden Fall den Tierarztbesuch.

Gebisspflege

Man sollte regelmäßig das Gebiss des Hundes kontrollieren. Üben Sie bereits im Welpenalter mit Ihrem Hund, dass Sie seine Zähne anschauen dürfen. Kauknochen, gelegentlich Kalbsknochen oder Ochsenschwänze und diverse im Handel angebotene Kauartikel tragen zur Zahnhygiene bei. Wer möchte, kann mittels Zahnbürste und einer speziellen, beim Tierarzt erhältlichen Zahncreme regelmäßig Gebisspflege betreiben. Die Bildung von Zahnbelag hängt nicht nur von der Ernährung des Hundes ab, sie entsteht auch durch die Zusammensetzung des Speichels, die bei jedem Hund anders ist. Wenn der Zahnbelag zu stark wird und sich Zahnstein entwickelt, sollte man diesen vom Tierarzt in einer Kurzzeitnarkose mit einem modernen Ultraschallgerät entfernen lassen. Zahnstein verursacht unangenehmen Mundgeruch, Entzündungen der Zähne und des Zahnfleischs und manchmal sogar des Hals-Rachen-Raums. Eine regelmäßige Kontrolle ist vor allem beim älteren Hund wichtig.

Beginnen Sie von Klein an mit der regelmäßigen Untersuchung aller Körperregionen und der Zähne. Benutzen Sie ein bestimmtes Wort, wenn Sie Ihren Hund untersuchen. Hält er still, bekommt er eine tolle Belohnung!

Ridgeback – Hygiene

Hygiene beim Rüden

Wer einen geschlechtsreifen, unkastrierten Rüden besitzt, sollte regelmäßig Intimhygiene betreiben. Aus der Vorhaut entleert sich meist tropfenweise ein gelbliches Sekret. Dies ist vollkommen normal und nicht krankhaft. Aus den Geschlechtsdrüsen und der Harnröhre sammeln sich kleine Mengen Sekret an und treten aus der Vorhaut aus. Mit einem Feuchttuch kann dieser Bereich vorsichtig gereinigt werden. Erst wenn dieses Sekret verstärkt austritt, der Rüde sich sehr häufig leckt oder das Sekret grün wird und sich auch ein unangenehmer Geruch entwickelt, besteht Handlungsbedarf. Der Tierarzt wird eine Spülung des Vorhautbereichs vornehmen, die Sie auch zu Hause einige Male wiederholen können, woraufhin die Entzündung in der Regel verschwindet. Bei immer wiederkehrenden, starken Vorhautentzündungen hilft manchmal nur eine Kastration, um die Entzündung aus der Welt zu schaffen.

Bei Deckrüden sollten regelmäßig Abstriche des Vorhautsekrets untersucht werden, um keine Infektionen weiterzugeben. Ebenso sind Spülungen vor und nach der Bedeckung einer Hündin empfehlenswert.

Hygiene während der Läufigkeit

Die erste Läufigkeit tritt bei der Ridgebackhündin in der Regel zwischen dem 9. und dem 15. Lebensmonat auf und wiederholt sich dann alle 6–9 Monate. Häufig bemerkt man das Einsetzen der Läufigkeit schon Tage oder Wochen davor: Die Hündin setzt häufig Harn ab und markiert deutlich ihr Revier. Irgendwann kommt dann der erste Tropfen Blut aus der Scheide, den man durch wiederholtes Betupfen der Scheide mit einem sauberen Taschentuch bemerkt. Die Hündin beginnt sich vermehrt im Intimbereich zu lecken. Nach einigen Tagen wird das Bluten stärker und die Scham schwillt an, da sie stärker durchblutet wird. Die Hündin leckt sich nun vermehrt und setzt weiterhin ihre „Duftmarken" ab.

Im Wohnbereich empfiehlt es sich, eine spezielle „ Hitzehose" anzulegen, die man mit Slipeinlagen oder auch mit Damenbinden versehen sollte. Da die meisten Ridgebacks auf dem Sofa oder im Bett schlafen, sollte man die Hündin während der ersten Hitze an das Höschen gewöhnen. Es gibt verschiedene Modelle, die unterschiedlich bequem sind und somit besser oder weniger gut akzeptiert werden.

Phasen der Läufigkeit

In der ersten Woche ist der Ausfluss meist noch recht schwach und mittelrot. Ab dem 4.–5. Tag etwa schwillt die Vulva stärker an und der Ausfluss nimmt zu. Bei einigen Hündinnen kann man schon am Ende der ersten Woche den sogenannten Duldungsreflex erkennen: Beim Berühren in der Region um die Vulva nimmt die Hündin die Rute zur Seite und „steht". Das sind die ersten Anzeichen der beginnenden Standhitze, in der die Hündin die fruchtbaren Tage und somit ihre Paarungsbereitschaft anzeigt. Es heißt nun aufpassen und die Hündin nicht unbeaufsichtigt lassen; außerhalb des Grundstücks sollte sie unbedingt angeleint bleiben! Diese Phase kann sich vom 9.–20. Tag ziehen; jetzt nimmt die

Während der Läufigkeit sollten Sie Ihre Hündin stets im Auge behalten, wenn Sie keinen überraschenden Nachwuchs möchten.

Blutung ab und wird schwach roséfarben. Wünscht man eine Bedeckung der Hündin zu Zuchtzwecken, ist neben dem Duldungsreflex auf jeden Fall eine Progesteronbestimmung vorzunehmen, um den optimalen Deckzeitpunkt zu bestimmen. Aber auch hier gibt es deutliche Schwankungen und man sollte auch nach der Bedeckung noch aufpassen, damit die Hündin nicht von einem weiteren Rüden belegt werden kann. Nach dem Eisprung und der paarungsbereiten Phase blutet die Hündin etwa drei bis acht Tage deutlicher und dunkler und nach insgesamt etwa gut drei Wochen ist die Läufigkeit vorbei. Die Vulva schwillt wieder ab und die Hündin wird insgesamt etwas ruhiger und anhänglicher. Dies kann auch in den nächsten Wochen durch die Hormonumstellung so bleiben.

Info | Pflegekalender

Täglich
- Augen kontrollieren
- Futter- und Wassernapf reinigen
- In den Sommermonaten nach Zecken absuchen

Wöchentlich
- Bürsten, eventuell mit dem Massagestriegel
- Ohren kontrollieren
- Zähne putzen
- Liegeplatz waschen

Vierteljährlich
- Krallen kontrollieren und eventuell schneiden
- Wurmkur

Jährlich
- Impfung und Gesundheitscheck beim Tierarzt
- Eventuell Blutbild machen lassen, auf jeden Fall ab dem 8. Lebensjahr

Scheinträchtigkeit

Viele Hündinnen zeigen nach der Läufigkeit eine deutliche Wesensveränderung und werden anhänglich, ruhig und verlieren ihre Spielfreude. Nun kündigt sich eine Scheinschwangerschaft an.

In einem Wolfsrudel bekommt jeweils nur die ranghöchste Hündin Welpen, die ihr im Rang nahestehenden Hündinnen bilden jedoch eine Scheinschwangerschaft aus, um im Falle, dass der Alphahündin etwas zustößt, die Welpen versorgen zu können. Eine Scheinschwangerschaft ist also nichts Pathologisches oder gar eine Wesensstörung, wie man lange Zeit angenommen hat, sondern eine durchaus sinnvolle Einrichtung der Natur. Scheinträchtigkeiten sind bei Ridgebacks keine Seltenheit. Man sollte die Hündin in dieser Zeit sehr kalorienreduziert ernähren, da die Hündinnen jetzt zur Gewichtszunahme neigen. Zudem kann sich Milch bilden, und es können sogar Gesäugeentzündungen entstehen, die dann dem Tierarzt vorgestellt werden müssen. Mittels spezieller Tropfen geht die Milchbildung innerhalb weniger Tage zurück. Man sollte der Scheinträchtigkeit durch viel Bewegung und Spiel entgegenwirken, das Futter dem Gewicht anpassen, sich möglichst normal verhalten und keinesfalls das „Nestverhalten“ unterstützen.

Kastration

Nach dem Tierschutzgesetz ist eine Kastration von Rüde oder Hündin nur aufgrund medizinischer Indikation zulässig. Beim Rüden wären das Hodentumoren, Prostataentzündungen oder aber auch immer wiederkehrende Vorhautkatarrhe. Bei der Hündin kann es aufgrund von Gebärmutterentzündungen oder aufgrund von regelmäßigen, starken Scheinschwangerschaften zu einer medizinisch indizierten Kastration kommen.

Eine Kastration aus Bequemlichkeitsgründen oder um eine vermeintliche Vereinfachung in der Erziehung zu erlangen, sollte äußerst kritisch betrachtet werden. Häufig kommen Rüdenhalter auf den Gedanken, ihren Rüden kastrieren zu lassen, sobald dieser in die Pubertät kommt. Dies stellt jedoch einen tiefen Eingriff in die Persönlichkeit des Hundes dar und sollte sehr gut abgewägt werden. Wer Erziehungsfehler durch eine Kastration kompensieren möchte, stellt sich selbst ein Armutszeugnis aus. Kastrierte Rüden verlieren in der Regel das Interesse an läufigen Hündinnen, und auch das Verhalten gegenüber Geschlechtsgenossen kann gedämpfter sein, aber sie werden von intakten Rüden häufig bestiegen und von Hündinnen gemobbt.

Bei Hündinnen

Hündinnen, die nach der Geschlechtsreife, also nach der ersten oder besser erst nach der zweiten Läufigkeit kastriert werden, verhalten sich wie nicht kastrierte Hündinnen im Anöstrus, also zwischen zwei Läufigkeiten. Innerhalb eines Rudels und auch von anderen Hunden werden sie als vollwertige Hündinnen akzeptiert. Eine Kastration VOR der ersten Läufigkeit, wie sie nach amerikanischem Vorbild auch leider hier immer wieder vorkommt, ist eine Todsünde auf Kosten des Wesens der Hündin und ein tief greifender Einschnitt in deren Sozialstruktur. Eine solche Hündin bleibt geistig ein Welpe, entwickelt sich zum Neutrum und wird von anderen Hunden gemieden oder sogar attackiert.

Kastrierte Hündinnen können inkontinent werden, vor allem, wenn sie zu dick gefüttert werden. Auf das Gewicht muss bei Kastraten ganz besonderen Wert gelegt werden, sie sind in der Regel etwas leichtfuttriger als unkastrierte Hunde.

Ein Ridgeback sollte immer schlank und trainiert sein!

Gesunde Ernährung

Gesunde Ridgebacks haben ein glänzendes Fell, strahlende Augen und eine muskulöse Topfigur:

Grundlage ist eine ausgewogene und artgerechte Fütterung. In diesem Kapitel erfahren Sie alles über Fertigfutter und selbst zubereitetes Futter.

Futterplan vom Züchter

Ein guter Züchter wird Ihnen einen Futterplan mitgeben und auch möglichst eine gewisse Menge des gewohnten Futters. Es ist ratsam, dies auch beizubehalten und möglichst keine sofortige Futterumstellung vorzunehmen.

Wenn der Welpe mit 8–9 Wochen kräftig, gesund und normal entwickelt ist, ist es empfehlenswert, drei Mahlzeiten am Tag zu verabreichen. Die Futtermenge kann nicht vorgegeben werden, da sie sich mit dem Alter und dem steigenden Gewicht des heranwachsenden Hundes ständig ändert. Angaben auf Packungsbeilagen sind nur ungefähre Hinweise, letztlich muss man mit dem Auge füttern und die benötigte Menge dem Ernährungszustand des Hundes anpassen. Das hängt von der Bewegung, der Außentemperatur und der Qualität des Futters ab und kann individuell sehr unterschiedlich sein. Im Zweifel fragen Sie immer Ihren Züchter oder Ihren Tierarzt, ob der Hund in einem guten Ernährungszustand ist. Zu magere Hunde können Mangelerscheinungen entwickeln und krank werden, zu kräftige Hunde, gerade im Wachstum, können Gelenkschädigungen durch dauerhaftes Übergewicht davontragen.

Ausgewogen ernähren

Der Ridgeback zählt zu den großwüchsigen Rassen und erreicht 95 Prozent seiner Endgröße bereits in den ersten Lebensmonaten. Das schnelle Wachstum erfordert eine ausgewogene Fütterung mit gut berechneten Mahlzeiten; große Unstimmigkeiten in der Zusammensetzung können schnell zu Wachstumsschäden und Gelenkerkrankungen führen. Gleichzeitig muss eine Futterportion ausreichend Energie und Proteine beinhalten, um auch den Organ- und Muskelaufbau zu gewährleisten. Nehmen Sie den Rat Ihres Züchters oder Tierarztes an, der Ihnen Tipps zur Fütterung geben kann. Je nach Alter und Bewegung des Hundes kann der Futterbedarf sehr schwanken und sollte individuell angepasst werden.

Fertigfutter

Der Markt bietet eine große Palette unterschiedlichster Fertigfutter an. Es gibt hier große Qualitäts- und auch Preisunterschiede. Sie sollten ein Futter wählen, das speziell für großwüchsige Rassen geeignet ist. Auch das Alter des Hundes sollte berücksichtigt werden, Welpen benötigen ein anderes Futter als ausgewachsene Hunde. Der Kalzium- und Phosphorgehalt ist speziell den Bedürfnissen der großen Rassen angepasst, zusätzlich enthalten die hochwertigen Futtersorten auch Zusätze zum Gelenkknorpelschutz, wie etwa Neuseelandmuschelextrakte und Chondroitinsulfate. Vergleichen Sie bei der Auswahl des Futters die Zusammensetzung und lassen Sie sich von erfahrenen Züchtern oder Tierärzten ausführlich beraten, die Gesundheit Ihres Hundes sollte es Ihnen wert sein.

Füttern Sie Trockenfutter auf mindestens zwei Tagesrationen verteilt und stellen Sie immer frisches Wasser zur Verfügung. Große Mengen könnten zu einer Magendrehung führen.

Dosenfutter sollte nur in Ausnahmefällen bei großen Hunderassen gefüttert werden, die Nachteile überwiegen gegenüber den Vorteilen. Dosen verursachen eine unverhältnismäßig große Menge an Müll; den Hunden schmeckt es zwar meistens sehr gut, aber das Kauen entfällt aufgrund der Konsistenz des Futters fast ganz, was zu Zahnsteinbildung oder auch Zahnfleischentzündungen führen kann. Zudem ist der Sättigungseffekt geringer als bei Trockenfutter oder bei der Frischfütterung.

Frischfütterung

In den letzten Jahren ist die naturnahe Frischfütterung auch bei den Ridgebackhaltern sehr beliebt geworden. Man füttert frisch zubereitete Portionen aus rohem Fleisch, angereichert mit Gemüse, Früchten, Mineralien, Spurenelementen und verschiedenen Ölen. Das Fleisch kann vom Rind, Huhn, Lamm, Pferd oder der Pute stammen, häufig ergänzt Fisch den Speiseplan sowie Milchprodukte, Innereien und Knochen. Die Rationsberechnung muss sehr ausgewogen sein und setzt fundiertes Wissen und Erfahrung voraus.

Inzwischen gibt es Tierärzte, die Futterrationen berechnen und zusammenstellen, ebenso ein gutes Literaturangebot sowie spezielle Seminare, die zum Thema Frischfütterung angeboten werden. Wenn dies mit Fachkunde ausgeführt wird, ist es sicher die beste Art der Fütterung, denn die Hunde fressen gern Fleischportionen und die Menge des Kotes ist deutlich geringer als bei Fertigfutter. Beachten Sie jedoch, dass Sie sich gut informieren müssen.

Auf eigene Faust einfach Futter zusammenzustellen, kann für den Hund erhebliche gesundheitliche Gefahren mit sich bringen. Nachteilig sind zudem der nicht ganz geringe Zeitaufwand sowie die deutlich höheren Kosten. Bei Futterunverträglichkeiten ist die naturnahe Frischfütterung jedoch sehr anzuraten.

Die Ernährung des Welpen

Wenn Sie Ihren Welpen vom Züchter übernehmen, ist er wahrscheinlich bereits an drei Mahlzeiten gewöhnt. Die erste Ration erhält der Welpe gleich nach dem ersten Gang nach draußen. Wenn er sich entleert hat, wird er hungrig sein Frühstück erwarten. Füttern Sie ihm eine Portion eines hochwertigen Trockenfutters und stellen Sie frisches Wasser daneben.

Weichen Sie das Futter nicht ein, denn es verringert die Kautätigkeit und die Hunde neigen zum Schlingen. Wenn das Trockenfutter gut gekaut wird, werden während der Zerkleinerung bereits Verdauungsprozesse eingeleitet. Nur während des Zahnwechsels mit viereinhalb bis fünfeinhalb Monaten kann man das Futter bei Kauschwierigkeiten etwas anfeuchten.

Die Mittagsmahlzeit kann ebenfalls aus Trockenfutter oder aber auch mal aus Hüttenkäse mit untergemischter Banane oder anderem Obst oder Gemüse bestehen. Am späten Nachmittag gibt es dann noch eine weitere Mahlzeit mit Trockenfutter. Zum Trockenfutter kann man einen kleinen Löffel eines guten Speiseöls geben, das fördert die Verdauung und ist gut für die Haut und das Fell.

Vor allem bei Welpen muss die Ernährung ausgewogen sein.

Frischfütterung

Wer den Hund mit Frischfutter ernährt, sollte während der Wachstumsphase immer wieder eine Rationsüberprüfung vornehmen lassen, damit beim Hund keine Defizite oder Mangelerscheinungen entstehen.

Der Proteingehalt muss in einem Welpen- oder Junghundefutter deutlich über dem des erwachsenen Hundes liegen, da der Körper zur Muskel- und Organentwicklung einen höheren Eiweißgehalt benötigt. Zu geringe Mengen können sich negativ auf die Ausbildung des Immunsystems oder der Haut auswirken, leider sind häufig diagnostizierte „Allergien" der Junghunde auf eine fehlerhafte Fütterung zurückzuführen.

Natürlich kann man auch eine Fütterung mit Fertigfutter sinnvoll anreichern, indem man Milchprodukte wie Joghurt, Hüttenkäse oder Quark dem Futter zugibt. Viele Sorten an Obst und Gemüse sind gut verträglich und bringen Abwechslung in den Speiseplan.

Die meisten Ridgebacks sind gute Fresser.

An Fleisch ist Muskelfleisch vom Rind oder Schaf, auch von Pute und Huhn sehr zu empfehlen. An Innereien bieten sich vor allem Pansen vom Lamm und vom Rind an. Schweinefleisch sollte nicht verfüttert werden, eine Infektion mit dem Aujeszky-Virus ist nie auszuschließen und kann für den Hund tödlich enden.

Erwachsenenfutter

Mit sechs Monaten kann der Junghund dann auf zwei Mahlzeiten täglich umgestellt werden, dies sollte auch lebenslang beibehalten werden.

Ab dem 9.–11. Lebensmonat wird der junge Ridgeback auf ein Erwachsenenfutter umgestellt, für den genauen Zeitpunkt des Futterwechsels spielt die Entwicklung des einzelnen Hundes eine wichtige Rolle. Einen großen, gut entwickelten Jungrüden wird man früher umstellen als eine kleine, noch zierliche Hündin. Wenn Sie Ihr Futter selbst zusammenstellen oder das Fertigfutter regelmäßig mit frischer Kost ergänzen, sollten Sie nicht versäumen, einen Experten zur Ausgewogenheit der Rationen zu befragen. Fehler, die in der Zeit des Wachstums gemacht werden, können schwerwiegende Folgen für die Gesundheit der Gelenke haben und im schlimmsten Fall Operationen oder lebenslange Beeinträchtigungen der Beweglichkeit mit sich bringen.

Futterzusätze

Inzwischen gibt es unterschiedliche Futterzusätze im Angebot, die meisten sollte man jedoch eher kritisch betrachten. In einem hochwertigen Trockenfutter ist alles enthalten, was ein Hund benötigt. Eine zusätzliche Gabe an

Vitaminen, Mineralien oder anderen Substanzen kann sich eher negativ auswirken. Einzig Öle scheinen sinnvoll und werden auch gern aufgenommen.

Als Snacks und zum Knabbern kann man Obst- oder Gemüsestückchen anbieten, auch getrocknetes Muskelfleisch, Trockenpansen, Ochsenziemer, Lamm- oder Rinderohren werden gern genommen. Markknochen sind eine Delikatesse, ebenso Kalbsknochen, doch nicht alle Hunde vertragen Knochen, denn sie können Darmprobleme verursachen. Auf keinen Fall sollten Kotelett-, Lamm- oder Geflügelknochen gegeben werden, denn die Verletzungsgefahr ist nicht unerheblich.

Futtermenge

Ganz gleich, in welchem Lebensabschnitt sich der Hund befindet, die Futtermenge muss immer dem täglichen Bedarf und der Bewegung angepasst sein. Ein heranwachsender, aktiver Junghund benötigt ein Vielfaches dessen, was der ältere, ruhiger gewordene Ridgeback braucht.
Ridgebacks sind normalerweise Hunde mit einem gesunden Appetit und sehr leichtfuttrig, deshalb muss man stets ein Auge auf das Gewicht haben. Bei einer kurzhaarigen, athletischen Rasse wie den Ridgebacks sollten die letzten beiden Rippen immer gut erkennbar sein. Fette Hunde sehen nicht nur unschön aus, sie bewegen sich auch nicht so gern und können leicht Erkrankungen davontragen.

Füttern Sie Ihren Hund nie nach Anleitung auf Packungsbeilagen, sondern „nach Augenmaß", man sollte stets gut abgesetzte Muskeln und eine deutliche Taillenbildung sehen. Ist das nicht der Fall, steht Sport auf dem Programm.

Ein gesunder, gut genährter Hund sprüht vor Energie und Kraft.

Wo und wie füttern?

Der Futterplatz sollte ungestört und überschaubar sein, der Boden leicht zu reinigen, falls einmal Futterreste neben dem Napf landen. Hat man mehrere Hunde, sollten die Näpfe nicht zu dicht beieinanderstehen und die Fütterung unter Aufsicht vonstatten gehen. Nach den Mahlzeiten sollte eine Ruhephase eingehalten werden, beim Welpen muss darauf weniger geachtet werden, da die Gefahr von Magendrehungen nicht besteht. Am Abend sollte man keine zu große Ration an Trockenfutter geben, da es bei der Verdauung zur Gasbildung kommen kann, die dann beim schlafenden Hund zu einer Aufgasung mit eventuell nachfolgender Drehung führen kann. Dies kann lebensbedrohliche Folgen haben.

Futterhygiene

Hundefutter sollte immer trocken, kühl, sauber und für Insekten unzugänglich gelagert werden. Bei Fertigfutter sollten Sie auf das Haltbarkeitsdatum achten und kein Futter geben, das bereits abgelaufen ist.

Frischfleisch friert man am besten vorher ein, auch zubereitete Portionen sollten nicht aufbewahrt werden. Ganz besonders empfindlich sind Welpen; in zubereitetem Futter bilden sich durch Bakterien sehr schnell Schadstoffe, die massive Folgen für den Welpen haben können.

Tischabfälle, Essensreste und andere gewürzte Speisen sind für Hunde nicht geeignet und gehören nicht auf deren Speiseplan. Die Näpfe sollten immer sauber sein.

Ausgewogene Ernährung ist auch für den älteren Ridgeback wichtig.

Gewichtsentwicklung
Der Rhodesian Ridgeback-Welpe hat ein Geburtsgewicht von 250 bis 600 Gramm und verdoppelt dieses Gewicht etwa in den ersten 10 Tagen. Bei der Wurfabnahme bringen kleine Ridgebacks 5 bis 11 Kilo auf die Waage, bis zum Zahnwechsel mit etwa viereinhalb Monaten geht es rasant weiter: Nun wiegt der Welpe etwa 20 Kilogramm.

Mit einem Jahr hat er dann etwa 80 % seines Endgewichts erreicht und wiegt ca. 30 bis 40 Kilogramm. Der Rüde erreicht im erwachsenen Alter zwischen 39 und 46 Kilogramm, die Hündin zwischen 30 und 40 Kilogramm, wobei Größe und Knochenbau eine entscheidende Rolle spielen.

Info | Nicht füttern:

- Rohes Schweinefleisch (Aujeszky-Virus, für Hunde und Katzen tödlich!)
- Essensreste
- Schweineknochen
- Süßigkeiten
- Schokolade
- Weintrauben, Knoblauch, Zwiebeln
- Verdorbenes Futter

Zahnwechsel

Mit 4–5 Monaten verlieren Ridgebacks ihre Milchzähne und bekommen die bleibenden Zähne. In dieser Zeit kann es vorkommen, dass die Hunde speicheln, das Zahnfleisch anschwillt und ihnen das Kauen schwer fällt. Man sollte nun das Futter eventuell anfeuchten, besonders viele Kauartikel anbieten oder auch mal eine frische Mahlzeit zubereiten. Normalerweise ist es nicht die ganze Zeit schmerzhaft, sondern nur, wenn sich ein loser Zahn quer stellt und noch nicht ausgefallen ist. Mit dem vollendeten fünften Lebensmonat ist das Zahnen weitgehend abgeschlossen und das Fressen bereitet keine Probleme mehr.

Futtermäkler

Schlechte Fresser gibt es nicht von Haus aus, schlechte Fresser werden gemacht. Man sollte von Beginn an gewisse Regeln einhalten, dann bekommt man einen Hund, der mit Appetit die ihm zugewiesenen Mahlzeiten frisst, sofern er nicht krank ist. Wenn Ihr Welpe vom Züchter kommt, fehlen ihm die Geschwister und somit die Futterkonkurrenten. Jetzt hat er alles für sich allein. Außerdem stehen Sie und Ihre ganze Familie als „Publikum“ um den Fressnapf und freuen sich, wenn der Kleine frisst. Der möchte dann jedoch lieber etwas anderes als reines Trockenfutter haben. Bleiben Sie eisern – was Sie jetzt aus falschem Mitleid anerziehen, kann Ihren Hund unter Umständen ein ganzes Leben zu einem schwierigen Fresser machen. Bieten Sie ihm sein Futter an – wenn er innerhalb von zehn Minuten nicht frisst, gibt es erst zur nächsten Mahlzeit wieder etwas, und zwar vom gleichen Futter. Dazwischen bitte keine Leckerli, Kauartikel oder dergleichen geben und sich nicht erweichen lassen, Dosenfutter, Leberwurst oder andere Aromaträger unterzumischen. Der Welpe wird schnell einsehen, dass er Sie nicht im Griff hat, und lernen, dass er frisst, wenn er etwas bekommt, und weder den Zeitpunkt noch das Menü bestimmen kann.

Wenn Sie konsequent bleiben, werden Sie sich nie beklagen müssen, dass Ihr Hund ein schlechter Fresser ist. Ein solches Fütterungsmanagement unterstützt zudem die klare Rangordnung innerhalb des Rudels und unterstreicht Ihre Führungsposition.

Beim erwachsenen Hund kann es in hormongeprägten Zeiten zu Appetitmangel kommen, bei Rüden, wenn er eine läufige Hündin im Kopf oder in der Nase hat, und bei der Hündin während der Scheinschwangerschaft oder auch zu Beginn einer Trächtigkeit. Normalerweise regulieren erwachsene Tiere solche Appetitschwankungen recht schnell.

Betteln

Füttern Sie Ihren Hund nie vom Tisch oder aus der Hand, wenn Sie etwas essen. Er wird sehr schnell lernen, zu betteln, zu sabbern und eventuell auch vom Tisch zu stehlen. Ganz gleich, was Sie auf dem Tisch haben, geben Sie dem Hund nichts davon. Sicher nehmen Sie Ihren Hund auch mal mit ins Restaurant oder Sie haben Gäste zu Hause – wenn er nicht gelernt hat, dass es vom Tisch nichts gibt, wird er immer wieder versuchen, einen Leckerbissen zu ergattern. Meine Hunde erhalten das Hörzeichen „Hundeplatz“, wenn wir essen, und halten das auch problemlos ein – eben weil es keine Ausnahme gibt.

Eine wunderschöne Rassevertreterin in bester Konstitution.

Übergewicht

Nichts passt weniger zu einem Ridgeback als Übergewicht! Ein Laufhund sollte athletisch und drahtig sein und nicht überfüttert oder schwammig. Übergewicht schadet den Organen und dem Skelettsystem, außerdem sieht es nicht schön aus. Ridgebacks sind meist sehr leichtfuttrig, daher sollte man die Rationen der Bewegung anpassen. Ist der Hund zu dick, ist mehr Bewegung bei reduziertem Futter angesagt – FdH („Friss die Hälfte“) ist günstiger als teure Diätfuttermittel vom Tierarzt.

Bei Hündinnen nach der Läufigkeit oder auch bei kastrierten Tieren kann der Stoffwechselumsatz herabgesetzt sein, dadurch nehmen die Hunde leichter zu. Schon frühzeitig sollte man die Rationen reduzieren und dem Gewicht anpassen.

Verdauungsstörungen

Verdauungsstörungen wie Durchfall oder Erbrechen sind äußerst selten und treten meist nur dann auf, wenn der Hund etwas Verdorbenes gefressen hat. Sollte der Durchfall nicht von Fieber begleitet sein, kann man mit einer Diät aus gekochtem, magerem Hühnerfleisch, in mehreren kleinen Portionen verabreicht, den Durchfall schnell zum Stillstand bringen. Homöopathische Gaben von Globuli können unterstützend wirken.

Bei länger anhaltendem Durchfall sollte man immer einen Tierarzt konsultieren.

Tipp Futterrationen

Trockenfutter für heranwachsende Hunde
Rohproteingehalt mindestens 27–30 %
Kalzium-Phosphor-Verhältnis 1,2 bis 1,4 zu 0,8 bis 1,0
Erwachsene Hunde: 350–500 Gramm je Tag auf zwei Mahlzeiten verteilt

Beispiel einer frisch zubereiteten Futterration
250 g Muskelfleisch
100 g pürierte Kiwi + Feldsalat + Himbeeren
1 gekochtes Ei
2 TL Bio-Eierschalenpulver
1 TL Kräuter-Algen-Mix
1 Prise Himalayasalz
1 TL Dorschöl

oder auch
250 g Rinderherz
100 g Hüttenkäse
100 g pürierte Rote Beete + Banane
2 TL Bio-Knochenmehl
1 TL Kräuter
1 TL Spirulina
1 TL Barfers Omega 3 Öl

für Welpen als Beispiel
100 g Tartar
100 g Hüttenkäse
1 halbe Banane + 1 halber Apfel püriert
1 TL Barfers Omega 3 Öl

oder
100 g Rindfleisch
100 g Quark
1 Banane püriert
1 gekochtes Ei
1 TL Leinöl
Mineralpräparat nach spezieller Mischung und Menge

Rundum gesund

Ein gesunder Ridgeback ist ein bewegungsfreudiger, athletischer Hund mit glänzendem Fell und gut ausgeprägten Muskeln. Er ist aktiv und an seiner Umwelt interessiert. Die meisten Ridgebacks sind gute Fresser und nehmen ihr Futter mit großem Appetit an. Eine ausgewogene Ernährung und eine gute Gesundheitsprophylaxe bieten die Grundlage für eine hohe Vitalität. Ausreichend Bewegung und sinnvolle Beschäftigung ergänzen das Wohlbefinden.

Impfungen – Vorbeugen ist besser als Heilen

Gegen die meisten Infektionskrankheiten kann man den Hund impfen, wichtig ist dabei, die richtigen Impfintervalle einzuhalten.

Hepatitis

Die ansteckende Leberentzündung des Hundes ist eine Viruserkrankung, die mit hohem Fieber, Mattigkeit, Erbrechen, Augenveränderungen, Nerven- und Leberentzündungen einhergeht. Welpen und ältere Tiere sind noch gefährdeter als erwachsene Tiere, die Sterblichkeitsrate ist hoch. Die Impfung erfolgt nach einer Grundimmunisierung in dreijährigem Abstand.

Impfungen schützen Ihren Hund vor Infektionskrankheiten.

Leptospirose

Die Leptospirose ist eine bakterielle Erkrankung, die auch auf den Menschen übertragen werden kann. Die Übertragung erfolgt durch den Urin infizierter Tiere, häufig Ratten oder Mäuse. In Feuchtgebieten halten sich die Erreger besonders lang. Die Infektion kann zu Nierenversagen und zum Tod führen, es gibt mehrere Unterarten, leider kann man nicht gegen alle impfen. Die Impfung sollte jährlich oder sogar halbjährlich vorgenommen werden.

Nur geimpfte Hunde haben einen Schutz vor den gefürchteten Krankheiten wie Staupe, Parvovirose und vielen anderen.

Parvovirose

Die Parovirose ist eine hoch ansteckende Viruserkrankung, die zu massiven Entzündungen im Magen-Darm-Bereich führt. Bei Welpen verläuft die Infektion meist tödlich, oft wird der gesamte Wurf befallen. Erwachsene Tiere können bei rechtzeitiger Behandlung die Infektion gut überstehen. Die Impfung kann nach erfolgter Grundimmunisierung alle drei Jahre erfolgen.

Staupe

Die Staupe ist eine Viruserkrankung, die das Nervensystem, die Lunge oder auch den Magen-Darmtrakt betreffen kann. Neben einer akuten Form, die gerade beim Welpen meist tödlich verläuft, gibt es auch eine chronische Form, die zu Langzeitschäden des Tieres führen kann.

Alle drei Jahre sollte der Hund gegen Staupe geimpft werden. Der Impfschutz ist wichtig, denn inzwischen kommt Staupe auch in Deutschland leider wieder häufiger vor.

Zwingerhusten

Es gibt mehrere Erreger des sogenannten Zwingerhustens, meist stecken sich die Hunde auf Ausstellungen, Hundeplätzen oder auf der Spielwiese an. Es kommen Viren oder auch Bakterien als Ursache infrage, häufig handelt es sich um eine Mischinfektion aus beidem.

Die Hunde erkranken an einer Entzündung der Luftröhre und der Bronchien, sie haben massive Hustenattacken. Es gibt eine Impfung, die in der normalen Kombinationsimpfung enthalten ist, und eine weitere Impfung, die direkt auf den Nasenspiegel aufgetragen wird und den Hund dann für ein Jahr vor einer Infektion schützt.

Tollwut

Die Tollwut ist eine Viruserkrankung, die tödlich verläuft. Sie befällt das Nervensystem und führt zu grausamen Lähmungen und schließlich zum Tod. Fast alle Wirbeltiere können befallen werden, so auch der Mensch.

Auch wenn die Tollwut in Deutschland derzeit als ausgerottet gilt, ist eine re-

gelmäßige Impfung durchaus sinnvoll. Für eine Reise ins Ausland oder auch eine Teilnahme an Sportveranstaltungen und Ausstellungen ist die Tollwutimpfung gesetzlich vorgeschrieben.
Inzwischen reicht ein dreijähriges Impfintervall aus und wird auch von den meisten europäischen Ländern anerkannt.

Borreliose

Die Borreliose ist eine von Zecken übertragene bakterielle Infektionserkrankung, die zu Fieberschüben, Entzündungen und Lähmungen führen kann. Nicht selten verläuft sie auch tödlich. Die Impfung ist in Borreliosegebieten sinnvoll und erfolgt jährlich. Sie ist nicht in den normalen Kombinationsimpfstoffen enthalten und muss separat erfolgen.

Herpesinfektion

Eine Infektion mit Herpesviren verläuft beim Hund meist mit geringen Atemwegsentzündungen und ist in der Regel harmlos. Erkrankt jedoch eine tragende Hündin oder ist bereits mit dem Erreger infiziert, kann das fatale Folgen für die Welpen haben. Es kommt zu Fehlgeburten, sogar zur Sterblichkeit der neugeborenen Welpen, gegen die man nichts ausrichten kann. Nur ganz wenige Welpen überleben die Infektion. Seit einigen Jahren gibt es eine sehr empfehlenswerte Impfung für die Mutterhündin, man impft einmal zu Beginn der Trächtigkeit und ein zweites Mal in den letzten zehn Tagen vor der Geburt. Dadurch kann man die Welpen optimal schützen.

Impfreaktionen

Generell sollten nur gesunde und entwurmte Hunde geimpft werden. Am Tag der Impfung sollte man den Hund nicht besonders belasten und keine Hundeschule oder dergleichen besuchen. Gönnen Sie Ihrem Hund stattdessen etwas Ruhe, bereits am nächsten Tag wird er wieder belastbar sein. Manche Hunde zeigen eine leichte Müdigkeit nach der Impfung; es können auch gelegentlich Schmerzen an der Impfstelle auftreten, die jedoch in wenigen Tagen wieder verschwinden. Der Körper baut Antikörper gegen die Erreger auf, was einzelne Tiere mehr belasten kann als andere. Manche Hunde zeigen an der Injektionsstelle auch eine leichte Schwellung, die sich jedoch vollständig zurückbilden wird.

Info | Impfintervalle

ab der 7. Lebenswoche Impfung	gegen Staupe, Leptospirose, Hepatitis, Parvovirose, Zwingerhusten (SHLPP)
mit 11 Wochen	Wiederholungsimpfung wie oben
ab der 12. Woche	Tollwutimpfung
nach einem Jahr:	Wiederholungsimpfung SHLPPT
dann jährlich	Leptospirose und Zwingerhusten als Kombinationsimpfung
alle 3 Jahre	Tollwut und SHLPP als Kombinationsimpfung

Borreliose nach Grundimmunisierung in jährlichem Abstand impfen
Herpes nur bei Zuchthündinnen erforderlich

Wurmkuren gibt es als Paste …

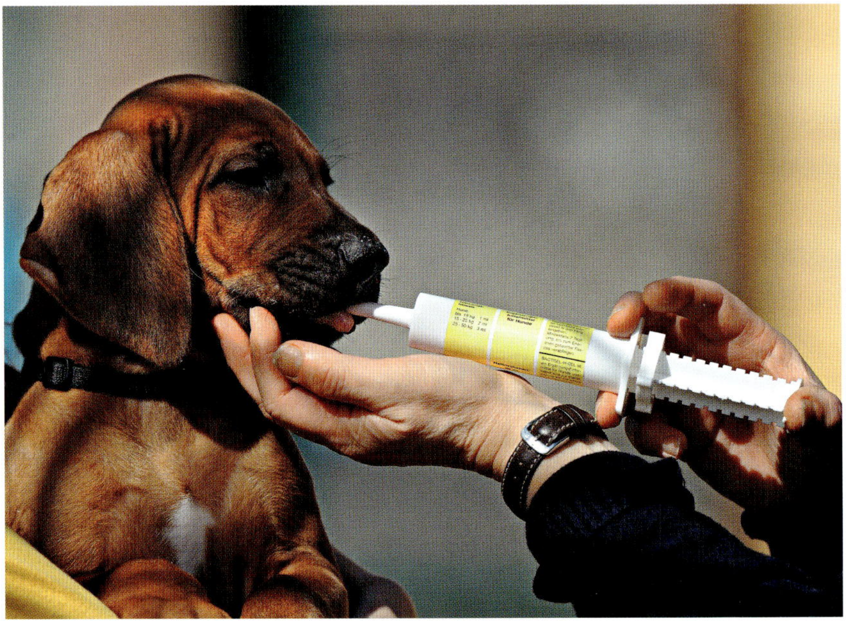

Endoparasiten

Regelmäßiges Entwurmen ist unerlässlich für die Gesunderhaltung der Hunde. Da man in engem Kontakt mit den Hunden lebt, sollten auch zur eigenen Sicherheit regelmäßig Wurmkuren gegeben werden. Die häufigsten Parasiten sind Spul-, Haken- oder Peitschenwürmer. Auch Bandwürmer kommen ab und zu vor. Die Infektion mit Giardien und Kokzidien, sogenannte Einzellerinfektionen, sind inzwischen recht verbreitet und oftmals die Ursache für massive Welpendurchfälle.

Wurmbefall kann zu Magen-und-Darm-Erkrankungen führen, Erbrechen oder Durchfälle sind die häufigsten Folgen. Die Hunde können auch stumpfes Fell bekommen, sich am After lecken oder Juckreiz haben. Manchmal beobachtet man auch blutige Schlieren auf dem Kot. Vielfach führt Wurmbefall zu einer Schwächung des Immunsystems, Infektionen können den Körper demzufolge leichter befallen. Bei Welpen kann es zu schlimmen Durchfällen mit Todesfolge kommen. Auch lebenslange Verdauungsstörungen oder Unverträglichleiten können die Folge von Wurminfektionen sein.

Entwurmung beim Züchter

Ein verantwortungsbewusster Züchter wird bereits die Mutterhündin und die Hunde des Bestands ausreichend entwurmt haben. Die Welpen erhalten in der zweiten Lebenswoche eine Drei-Tage-Wurmkur mittels einer Paste oder einer Flüssigkeit. Das Ganze wird in der fünften und der siebten Woche wiederholt. Bei der Gabe von Ein-Tages-Präparaten sollte ein viertes Mal entwurmt werden, gegen Einzellerinfektionen wirken diese Entwurmungen allerdings nicht. Da die Mutter die Welpen über die Milch mit Wurmlarven infizieren kann, sollte man die Hündin zeitgleich entwurmen.

oder als Präparat in Tablettenform.

Entwurmung des Junghundes

Welpen und Junghunde haben ein erhöhtes Risiko, von Parasiten befallen zu werden. Bis zu einem Alter von sechs Monaten sollte man alle vier Wochen entwurmen, danach alle drei Monate.

Entwurmung des erwachsenen Hundes

Durch die dichte Hundepopulation und dem engen Kontakt mit dem Hund ist es empfehlenswert, seinen Hund alle drei Monate zu entwurmen. Wer das nicht prophylaktisch tun möchte, kann auch Kotproben an drei aufeinanderfolgenden Tagen im Labor oder beim Tierarzt untersuchen lassen und nur bei positivem Befund entwurmen. Ein- bis zweimal pro Jahr sollte auf jeden Fall entwurmt werden. Der Tierarzt wird Ihnen ein gut verträgliches Präparat geben. Wichtig für mäusefressende Hunde: Vergessen Sie die Bandwurmkur nicht, da Mäuse Zwischenwirte für Bandwürmer sein können.

Ektoparasiten

Flöhe

Flöhe werden von anderen Hunden, Katzen oder auch von Igeln auf den Hund übertragen und sind sehr lästig. Sie vermehren sich leider sehr schnell und können zur wahren Plage werden. Die erwachsenen Flöhe saugen Blut am Hund, meist in den Abend- oder Nachtstunden und ziehen sich nach erfolgter Mahlzeit in Ritzen, Spalten oder Textilfalten zurück. Teppiche sind oft wahre Flohparadiese. Außerhalb des „Wirtes" erfolgt dann die Vermehrung über mehrere Larvenstadien.

Beim Saugakt geben die Flöhe Speichel in die Bissstelle ab, was zu heftigem Juckreiz führen kann. Die Hunde beißen sich, das typische „Flohknipseln" hat sicher jeder Hundehalter schon mal beobachten können. Die Untersuchung mit einem Flohkamm oder auch mit einer Taschenlampe kann Klarheit schaffen.

Die Anwendung von Spot-on-Präparaten sollte gut abgewogen werden. Meist ist dies bei einer Kurzhaarrasse nicht erforderlich.

Flöhe vertreiben

Entdeckt man einen Floh am Hund, ist Handlungsbedarf geboten. Es reicht nicht, nur diesen einen Floh zu eliminieren, selten handelt es sich um ein Unikat! Wenn Sie mit einer Lupe das Fell des Hundes untersuchen, können Sie vielleicht kleine schwarze Krümel entdecken. Hierbei handelt es sich um Flohkot, verdautes Blut. Schwarze Kringel dagegen sind Flohlarven, ebenfalls ein sicheres Indiz für erhöhtes Flohvorkommen.

Es gibt heute moderne Antiparasitika, die dem Hund nicht schaden, jedoch die Flöhe abtöten. Wichtig ist, dass Sie auch die Verbreitung der Larven verhindern, indem Sie zum Beispiel alle Liegeflächen, Körbe sowie das Auto aussprühen und danach aussaugen. Lassen Sie sich von Ihrem Tierarzt beraten und die geeignete Kombination aus Spot-On-Präparat für die Anwendung am Tier und die entsprechende Behandlung der Umgebung verordnen, so werden Sie die Flöhe am schnellsten und sichersten los. Flöhe sind Zwischenwirte für Bandwürmer und übertragen diese auf den Hund.

Läuse und Haarlinge

Zum Glück sind diese blutsaugenden Parasiten seltener anzutreffen. Auch sie führen zu Juckreiz und Kratzanfällen beim Hund. Mit entsprechenden Shampoos oder Spot-On-Medikamenten können sie erfolgreich bekämpft werden. Auch hier ist auf peinlichste Hygiene der Umgebung zu achten, um erneute Infektionen auszuschließen.

Herbstgrasmilben

Im Herbst, zu Beginn der feuchten Jahreszeit, kann es an den Pfoten des Hundes zu Juckreiz und Rötungen kommen. Häufig werden die Pfoten intensiv beleckt und entzünden sich. Wenn Herbstgrasmilben die Ursache sind, erhalten Sie von Ihrem Tierarzt eine Emulsion oder ein Shampoo. Nach der Anwendung kommt es schnell zu einer Besserung der Symptome. Gründliches Pfotenabtrocknen nach einem Spaziergang verhindert neue Infektionen.

Milben

Ohrmilben

Ohrmilben befallen den äußeren Gehörgang von Hunden und Katzen und können zu massivem Juckreiz und zu Entzündungen führen. Die Hunde kratzen sich häufig, dadurch kann es auch zu Verletzungen der Ohrmuscheln kommen bis hin zu Blutergüssen in der Ohrmuschel. Eine Reinigung des Gehörgangs und das Einbringen eines Spezialpräparates wird das Problem schnell beseitigen. Wartet man zu lange, sind die Folgeerkrankungen massiver als die Grunderkrankung und die Heilung ist langwieriger.

Räudemilben

Räudemilben, verursacht durch Sarkoptesmilben, setzen sich in den Haarbälgen der Hunde fest und führen zu einem massiven, lästigen Juckreiz. Wie auch bei den Ohrmilben erfolgt die Infektion über andere Hunde oder Lagerplätze, wobei Räudemilben auch den Menschen befallen können. Die Milben verursachen eine Hautentzündung, die Haut wird dick und faltig und sondert Sekret und Talg ab. Es kommt zu haarlosen Stellen sowie fettiger und dickwulstiger Haut. Die Erkrankung breitet sich schnell über den ganzen Körper aus. Moderne Antimilbenmittel helfen schnell und effektiv, allerdings benötigt die veränderte Haut oft eine lange Zeit bis zur vollständigen Heilung. Bäder und Emulsionen sowie eine gesunde Ernährung können die Heilung unterstützen.

Demodikose

Die Demodexmilbe ist auch in den Haarbälgen gesunder Hunde anzutreffen, ohne dort jedoch Symptome hervorzurufen. Bei einem intakten Immunsystem kommt es nicht zu Krankheitssymptomen. Bei geschwächten Tieren jedoch, zum Beispiel bei solchen mit Wurmbefall, an Infektionskrankheiten erkrankten Tieren oder auch bei Hunden, die durch Kortisonbehandlungen ein geschwächtes Immunsystem haben, können die Milben massive Schäden in der Haut hervorrufen. Kurzhaarige Rassen wie Dobermänner, Pitbulls, Doggen, Dalmatiner, Möpse und viele andere erkranken häufiger als langhaarige Hunderassen; innerhalb einer Rasse kommt es in einigen Familien zur Häufung der Erkrankung. Die Demodikose ist in der Regel nicht von Juckreiz begleitet, allerdings können die Entzündungen in der Haut gelegentlich jucken. Die befallenen Stellen sind vollkommen haarlos.

Zecken

Zecken sind für fast jeden Hundebesitzer ein leidiges Thema. Von März bis November kann man sich bei einem Spaziergang durch Wald und Feld die lästigen, blutsaugenden Parasiten einfangen, wobei in Deutschland der gemeine Holzbock die am häufigsten verbreitete Zeckenart ist. Während die Hunde durchs Gras streifen, halten sich die Zecken am Fell fest und krabbeln auf der Körperoberfläche bis zu einem geeigneten Platz, wo sie sich dann festsaugen. Werden sie nicht vorher entfernt, saugen sie sich voll und fallen nach einigen Tagen von allein ab.

Zecken führen zu Reaktionen und Entzündungen an der Bissstelle, gefährlich werden sie jedoch vor allem durch das Übertragen von Krankheiten.

Fast überall in der Natur lauern Zecken im Gras.

nisch verlaufen und Steifheiten, Lähmungen, Entzündungen der Haut, des Nervensystems oder auch der Gelenke hervorrufen. Auch hier wird in einem Bluttest ein Antikörpertiter zur Diagnosesicherung vorgenommen. Die Behandlung erfolgt über hoch dosierte Antibiotikagaben, die lange Zeit verabreicht werden müssen. Eine vollständige Heilung ist nicht immer zu erreichen.
Seit einigen Jahren gibt es in Deutschland Impfstoffe gegen Borreliose, die bereits im Körper der Zecke die Borrelien, also die Erreger, neutralisieren und somit eine Infektion verhindern können. Die Impfstoffe werden gut vertragen und haben sich in der Praxis als sehr empfehlenswert erwiesen.

Nach dem Spielen und dem Spaziergang immer auf Zecken untersuchen.

Schlimme Folgen

Durch Zecken kann FSME (Frühsommer-Meningoenzephalitis), eine durch Viren ausgelöste Form der Hirnhautentzündung, übertragen werden. Die Erkrankung zeigt sich durch Fieberschübe, hängendem Kopf, Schmerzempfindlichkeit und Krampfanfälle und kann letztendlich auch zum Tod des Tieres führen. Nachgewiesen wird die Krankheit durch Bluttests.

Häufiger ist die von Zecken übertragene Borreliose, die inzwischen in fast allen Teilen Mitteleuropas anzutreffen ist. Die Erkrankung kann entweder akut, mit Fieberschüben, Lähmungen und Schmerzen auftreten oder chro-

Ehrlichiose und Babesiose

In südlichen Ländern rund um das Mittelmeer werden außerdem über andere Zeckenarten Ehrlichiose und Babesiose übertragen. Babesien sind Einzeller, die die roten Blutkörperchen befallen und schwerste Fieberschübe auslösen. Nur in Kliniken gibt es ein spezielles Medikament, mit dem man an Babesiose erkrankte Hunde retten kann. Übertragen werden Babesien durch die Auwaldzecke.

Durch die braune Hundezecke können Ehrlichien, Bakterien, übertragen werden, die zu schweren Organerkrankungen führen. Neben Lähmungen und Gelenkentzündungen können auch Niere, Leber und Lunge befallen werden. Die Therapie erfolgt über eine Langzeitgabe von Antibiotika. Oft genesen die Hunde nicht mehr vollständig.

Zeckenprophylaxe

Es gibt inzwischen viele Möglichkeiten, dem Befall von Zecken vorzubeugen. Sogenannte Spot-On-Präparate werden am Hals oder an Hals und Rutenansatz des Hundes in vierwöchigen Abständen aufgetragen. Die Mittel geben ihren Wirkstoff über die gesamte Haut des Tieres ab und töten Zecken, die sich einbohren, ab. Einige Präparate wirken auch schon vorbeugend, das heißt, die Zecken werden durch die Abgabe des Duftes bereits vom Festbeißen abgehalten. Die Mittel müssen in der gesamten Sommersaison aufgebracht werden, bei Hunden, die häufig schwimmen, sollte man die Abstände verkürzen, da sonst die Wirkung nachlässt. An der Applikationsstelle kann es zu Hautreizungen kommen, einige Tiere bekommen starken Haarausfall oder auch Juckreiz um die Aufträufelstelle.

Sonstige Präparate

Ein Zeckenhalsband mit dem Wirkstoff Permethrin hält die Plagegeister ebenfalls ab. Es reicht oft für die komplette Saison aus, muss allerdings immer vom Hund getragen werden.

Man sollte sich jedoch vor der Anwendung eines Zeckenpräparates im Klaren darüber sein: Was wirklich hilft, ist reine Chemie mit zum Teil nicht unerheblichen Nebenwirkungen für den Hund! Bei einem Berner Sennenhund hat man kaum eine Chance, ohne solche Mittel dem Hund die Zeckenplage zu ersparen. Bei einer Kurzhaarrasse wie dem Ridgeback kann der Besitzer seinen Hund schon auf dem Spaziergang beobachten; häufig sieht man die kleinen Biester über das Fell krabbeln und kann sie problemlos absammeln. Sollte sich dennoch eine Zecke festgebissen haben, entfernt man sie am besten mit einer Zeckenzange.

Da sind Ridgebacks klar im Vorteil: Zecken kann man schon mit dem bloßen Auge auf dem Hund erkennen und ablesen.

Rassetypische Erkrankungen

Dermoid Sinus (DS)

Ridgebacks sind gesunde, robuste Hunde und haben nur wenige rassetypische Erkrankungen.

Als einzig angeborener Defekt beim Ridgeback gilt der Dermoid Sinus (DS). Es handelt sich um eine Störung in der frühen Embryonalentwicklung, die Trennung des Neuralrohrs vom restlichen Ektoderm ist nur unvollständig und es kommt zu einer schlauchförmigen Hauteinstülpung, die ausgekleidet ist mit Haaren, Haarbälgen und Hautzellen. Diese Hautschläuche können sehr tief in die Muskulatur bis hin zum Wirbelkörper reichen, manchmal sogar bis in den Wirbelkanal hinein. An der Hautoberfläche hat der DS eine porige Öffnung, aus der meist dunkle Haare herauswachsen. Ein DS ist meist im Bereich des Nackens, der Schulter oder hinter dem Ridge am Schwanzansatz zu finden; ein geübter Züchter oder Zuchtwart kann die Veränderung bereits im Welpenalter ertasten, indem entlang des Rückens eine Hautfalte hochgenommen und auf Verschiebbarkeit mit der Unterhaut geprüft wird. Fühlt man einen derben, etwa stricknadeldicken Strang, der in die Tiefe geht, kann es sich um einen DS handeln. Der Sinus kann zunächst symptomfrei sein, sich jedoch im Lauf des Lebens entzünden und zu einem eitrigen, schmerzhaften und nicht ungefährlichen Gebilde heranwachsen, das sogar lebensbedrohlich sein kann.

Heilung

Die einzig sinnvolle Therapiemöglichkeit besteht in der frühzeitigen chirurgischen Entfernung des DS. Am besten erfolgt diese noch beim Züchter ab der 6. Lebenswoche. Nach 2–3 Wochen ist die Operationswunde normalerweise verheilt, die Hunde bleiben lebenslang gesund und haben keinerlei Nachteile

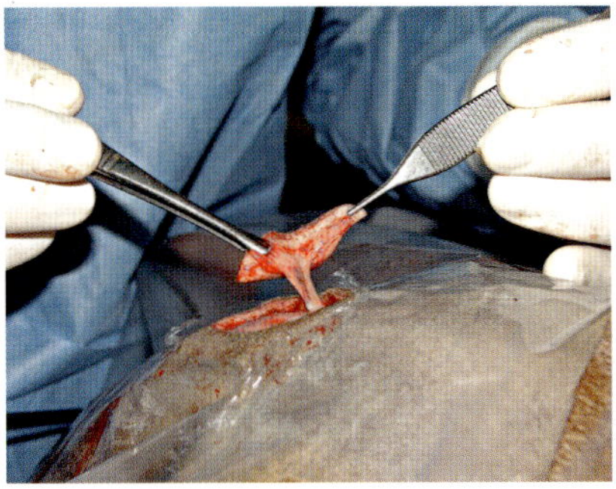

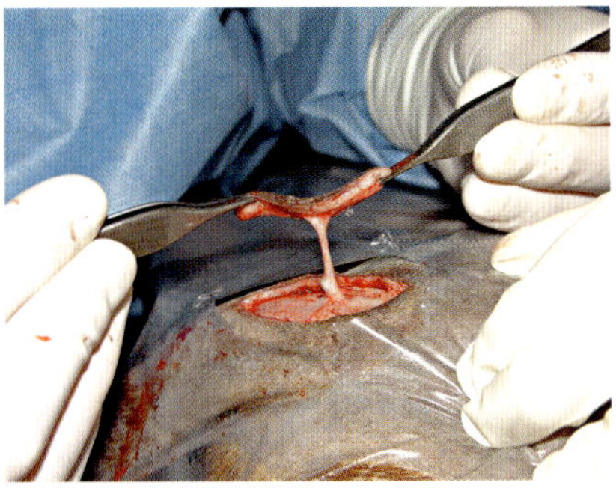

Die chirurgische Entfernung eines Dermoidsinus (DS)

So muss ein gesunder Ridgeback aussehen!

gegenüber anderen. Die Operation sollte möglichst von einem Spezialisten erfolgen, der geübt in der Operationstechnik der Sinusentfernung ist. Aufgrund der genetischen Disposition werden die betroffenen Hunde von der Zucht ausgeschlossen.

Hüftgelenkdysplasie (HD)

HD ist eine häufige Skelettentwicklungsstörung großer Hunderassen. Sie gilt als multifaktorielle Erkrankung, bei der sowohl das Erbgut als auch Ernährung und Haltung zur Entwicklungsstörung führen können. Das Hüftgelenk wird vom kugeligen Oberschenkelkopf und der Gelenkpfanne des Beckenknochens gebildet, Kugel und Pfanne sollten reibungslos ineinanderpassen. Ist die Pfanne zu flach oder der Oberschenkelkopf falsch gewinkelt, hat das Gelenk zu viel Spielraum und wird instabil. Bereits während des Wachstums kann das fehlentwickelte Hüftgelenk luxieren oder subluxieren, also ganz oder teilweise aus der Pfanne springen. Durch die Fehlbelastung kommt es zu degenerativen Veränderungen am Gelenkknorpel; Kapselentzündungen und Knochenauflagerungen können zu schmerzhaften Veränderungen führen. Eine starke Arthrose kann die Folge sein und auf Dauer kommt es zum Schwund der Oberschenkelmuskulatur. Mit einer Röntgenuntersuchung kann die Erkrankung diagnostiziert werden; der Hund muss unter Vollnarkose bei gestreckten Gliedmaßen geröntgt werden. Die Einstufung der HD erfolgt international nach verschiedenen Graden, von A (frei), B (Übergangsform), C (leicht), D (mittel) bis E (schwer). Zum Glück ist bei den deutschen Ridgebacks, die innerhalb der kontrollierten Zucht des VDH gezüchtet werden, HD sehr selten geworden. Die meisten Hunde haben eine A-Hüfte. Durch gezielte Selektion und Verpaarung HD-freier Partner kann diese Erkrankung bei Ridgebacks derzeit als nicht rassetypisch gelten.

Ellbogendysplasie (ED)

Unter dem Begriff der Ellbogendysplasie werden verschiedene Krankheitsbilder des Ellbogengelenks zusammengefasst. Ursachen für die Entstehung von ED können genetische Disposition, zu frühe und zu starke körperliche Belastung und falsche Ernährung sein. ED wirkt sich problematischer aus als HD, da sie meist sehr viel schmerzhafter ist und bereits ab dem 5. Lebensmonat zu Lahmheiten führen kann.

In den Zeiten des stärksten Knochenwachstums beginnen die Hunde meist beim Spazierengehen zu lahmen. Es kann auch vorkommen, dass der junge Ridgeback zunächst noch unauffällig spielt und rennt, nach einer Ruhephase zu Hause aber plötzlich starke Schmerzen beim Aufstehen hat und das Bein nicht voll belasten kann.

Verzögertes Knochenwachstum

Zu den häufigsten Veränderungen im Ellbogengelenk gehört der isolierte Processus Anconaeus. Es handelt sich um einen Knochenfortsatz an der Elle, der eine eigene Verknöcherungsfuge hat. Durch ein verzögertes Längenwachstum der Elle wird auch die Wachstumsfuge des Knochenfortsatzes gestört und der Processus Anconeus kann sich ganz oder teilweise vom Knochen lösen. Dies führt zu sehr schmerzhaften Gelenkverdickungen und Entzündungen, nur eine baldige chirurgische Entfernung des Fragments verschafft Heilung. Dennoch kann es später zu Arthrosen kommen.

Beim fragmentierten Processus Coronoideus kommt es durch ein verzögertes Wachstum der Speiche und einer Verformung des Ellbogengelenks

Laufhunde brauchen gesunde Gelenke. Doch gerade beim Toben kommt es oft zu aprupten Stopps, plötzlichen Richtungswechseln und Rempeleien, die nicht immer gelenkschonend sind.

zu einer Abspaltung des Processus Coronoideus Medialis Ulnae, einhergehend mit starken Schmerzen und Entzündungen im Gelenk. Auch hier ist eine frühzeitige Diagnosestellung mittels Röntgenaufnahmen wichtig und eine baldige Operation die einzige Chance auf Heilung.

Auch bei der ED gibt es eine Einteilung in 5 verschiedene Grade. Bei den Ridgebackzuchten in Deutschland darf nur mit ED-freien Tieren gezüchtet werden, andere Länder sind hier etwas großzügiger.

Osteochondrosis Dissecans (OCD)

Auch bei der OCD handelt es sich um eine Entwicklungsstörung schnell wachsender größerer Rassen in deren Skelettsystem. Meist tritt sie zwischen dem 5. und dem 12. Lebensmonat einoder auch beidseitig auf. Bei dieser Knorpelwachstumsstörung kommt es zur Ablösung einer Knorpelschuppe, auch Gelenkmaus genannt. Die nun frei im Gelenk liegende Knorpelschuppe stört den normalen Bewegungsablauf, kann Schmerzen verursachen und zu Entzündungen und Lahmheiten führen. Die OCD kommt häufig im Schultergelenk, aber auch im Ellbogen- oder Sprunggelenk vor. Auch die OCD gilt als eine multifaktorielle Erkrankung, bei der Vererbung und Ernährung, vor allem übermäßige Energie- und Kalziumzufuhr eine bedeutende Rolle spielen. Auch eine Verletzung kann unter Umständen eine Rolle spielen, ist jedoch seltener die Ursache. Nach der röntgenologischen Diagnosestellung muss das Knorpelfragment chirurgisch entfernt werden.

Generell sind alle Lahmheiten im Wachstumsalter mit Sorgfalt zu beobachten und bei fehlender Besserung innerhalb weniger Tage einem erfahrenen Tierarzt vorzustellen. Eine sofortige Ruhigstellung des Hundes mit Leinenzwang ist unumgänglich!

Vermeidung von Skelettwachstumsstörungen

Ernährung

Natürlich gilt es zunächst, einen Hund aus einer Zucht zu erwerben, in der nur gesunde und geröntgte Hunde miteinander verpaart werden. Das ist bei allen VDH-Zuchten der Fall. Die Ernährung, gerade im Wachstum, sollte sehr ausgewogen und der Rasse entsprechend sein. Wichtig ist es, dass man den Hund nicht überversorgt und dennoch ein Futter gibt, das den Anforderungen des wachsenden Tiers gerecht wird. Vermeiden Sie unbedingt eine Überfütterung, ein zu dicker Hund kann ebenfalls Gelenkprobleme entwickeln.

Bewegung
Die Bewegung des heranwachsenden Hundes muss gut dosiert sein. Im Alter von 4–8 Monaten ist das Skelettwachstum am größten und der Hund am meisten gefährdet. Ihr Junghund wird einen starken Bewegungstrieb entwickeln und am liebsten mit gleichaltrigen Hunden rennen und toben. Gerade Spiele mit anderen Hunden stellen extreme Anforderungen an die Gelenke und Belastungen dar. Viele schnelle Bewegungen zur Seite, plötzliches Abbremsen aus vollem Tempo oder auch ein Verhaken der Gliedmaßen ineinander gehören zum ganz normalen Hundespiel und es besteht immer die Gefahr eines Traumas, auch im Gelenkbereich. Dies kann zu Lahmheiten und Entzündungen führen.

Zu solchen Sprüngen sollte man nur ausgewachsene Hunde animieren.

Ektropium

Hierbei handelt es sich um ein Auswärtskehren des unteren Lidrandes, der Hund hat ein Hängelid. Durch das nicht vollständig geschlossene Lid kann es zur Rötung der Augen und zu chronischen Entzündungen kommen. Nur eine Operation kann Abhilfe schaffen; hierbei wird die Haut des Unterlides verkürzt. Diese Erkrankung kommt in einigen Linien leider vor, meist sind etwas mollossoide Typen befallen, die sehr viele Hautfalten am Kopf haben. Da dies eigentlich nicht dem Rassetyp des Ridgebacks entspricht, sollte große Sorgfalt auf die Auswahl eines Zuchtpartners, auch im Hinblick auf korrekte Augenform, gelegt werden.

Eine Einwärtsstülpung des unteren Augenlids, das Entropium, kommt beim Ridgeback eigentlich nicht vor.

Schilddrüsenüber- und unterfunktion

Manche Hunde können unter Schilddrüsenveränderungen leiden. Dies hat Auswirkungen auf das Temperament des Hundes und auch auf Haut und Haarkleid. Der Tierarzt wird anhand der Blutwerte eine solche Erkrankung diagnostizieren und behandeln können. Selbstverständlich sollte nicht mit diesen Hunden gezüchtet werden.

SLO

Wie bei anderen Rassen auch, gibt es beim erwachsenen Ridgeback eine Erkrankung der Krallen, die Symmetrische Lupoide Onychodystrophie (SLO), auch Krallenverlustsyndrom genannt. Die Krankheit tritt meist erst im Alter zwischen drei und vier Jahren auf, betroffene Tiere verlieren einzelne oder alle Krallen. Der Hornschuh löst sich blutig und schmerzhaft ab, die freiliegende und ungeschützte Lederhaut mit dem Krallenstumpf ist äußerst schmerzempfindlich. Meist verschlimmern bakterielle Infektionen das ohnehin schon sehr schmerzhafte Krankheitsgeschehen. Es können einzelne Hunde oder aber auch mehrere Wurfgeschwister von der Erkrankung betroffen sein. Selten treten die Erscheinungen schon bei Junghunden auf. SLO zählt zu den Autoimmunerkrankungen und betroffene Hunde sind lebenslang befallen. Eine unterstützende Therapie mit essenziellen Fettsäuren kann zur Linderung führen, eine Verödung der Krallenstümpfe kann manchmal langfristig helfen.

Eine genetische Disposition gilt als wahrscheinlich, daher solllte mit den betroffenen Tieren keinesfalls gezüchtet werden.

Andere Krankheiten

Ekzeme

Gelegentlich kommen Ekzeme bei Ridgebacks vor. Im Bereich der Beine oder der Brust und des Kopfes können sich vor allem nach Kontakt mit Dornen, Brennnesseln oder Getreideähren juckende und nässende Stellen bilden. Vor allem nach Belecken durch den Hund können sich diese infizieren und sogar eitern. Der Tierarzt wird Ihnen ein desinfizierendes Shampoo geben, mit dem Sie den Hund waschen; zusätzlich wird er eine Lotion gegen die Entzündung verabreichen und essenzielle Fettsäuren, Zink und Biotin als Futterergänzung mitgeben. Selten sind auch Futterunverträglichkeiten die Ursache für Haarausfall oder Ekzeme.

Die beiden kehren vom Strand zurück, hoffentlich ohne juckende Stellen.

Epilepsie

Selten gibt es Fälle von Epilepsie beim Ridgeback. Die Tiere haben Krampfanfälle, fallen um, entleeren Blase und Darm und sind verwirrt. Meist wiederholen sich die Anfälle in unregelmäßigen Abständen. Die Erkrankung muss auf jeden Fall von einem Tierarzt behandelt werden. Die Hunde werden mit Antiepileptika behandelt, die sie regelmäßig einnehmen müssen. Wenn die Medikamente gut ansprechen, bleiben die Hunde anfallsfrei.

Magendrehung

Wie bei vielen anderen großen Hunderassen ist auch beim Ridgeback die Magendrehung eine gefährliche Erkrankung. Vor allem nach der Aufnahme großer Mengen Trockenfutters und anschließendem Toben kann es zur Aufgasung des Magens und zur Drehung um die Längsachse kommen. Auch bei ruhenden Tieren, die nach der Aufnahme von Trockenfutter fest schlafen, kann die entstandene Gasblase im Magen eine Drehung hervorrufen. Die Hunde versuchen zu erbrechen, es kommt aber nur weißer zäher Schleim heraus. Die Tiere speicheln stark, stehen verkrampft und haben große Schmerzen. Das Kreislaufsystem wird stark belastet und man kann bald schon die Aufgasung des umgedrehten Magens von außen erkennen. Nur eine sofortige Notoperation in einer Tierklinik kann das Tier retten. Zur Vermeidung sollte das Futter immer auf mindestens zwei Portionen verabreicht werden. Nie direkt vor dem Toben und auch nicht unmittelbar vor dem Schlafen füttern. Sobald Sie die ersten Anzeichen einer Magendrehung erkennen, sollten Sie den Hund am besten in eine Tierklinik zur Abklärung bringen, nur eine sofortige Oparation kann sein Leben retten. Melden Sie den Hund telefonisch in der Klinik an.

Große Hunde sollten nicht direkt nach der Fütterung toben, sonst könnte es zu einer Magendrehung kommen.

Insektenstiche

Vor allem in den Sommermonaten kommt es leicht zu Insektenstichen. Hunde können in Bienen und Wespen treten oder beim versehentlichen Fressen eines Insekts gestochen werden. Die Stelle schwillt an, ist schmerzhaft und kann mit kaltem Wasser oder aufgebrachtem Eis betupft werden. Außer auf der Zunge oder im Rachenraum sind Insektenstiche normalerweise nicht gefährlich und schwellen innerhalb eines Tages meist wieder ab. Ist ein Stich in der Maulhöhle, sollte man schnell den Tierarzt aufsuchen. Gelegentlich kommt es vor, dass Tiere von einem ganzen Schwarm Wespen attackiert werden, meist wenn die Hunde ein Nest aufgespürt haben. Wenn der Hund sehr oft gestochen wird, kann es zu einer schockartigen Reaktion mit Zittern, Hecheln und Kreislaufkollaps kommen. Der Hund sollte auf jeden Fall einem Tierarzt vorgestellt werden.

Vergiftungen

Gerade im Garten, aber auch in freier Natur gibt es eine Reihe von Giftpflanzen, die auch bei Hunden zu massiven Vergiftungserscheinungen führen können. Manchmal schützt die Hunde eine natürliche Fresshemmung, aber gerade bei Welpen kann man sich keineswegs darauf verlassen.

Oleander, Eibe, Maiglöckchen, Goldregen, Tollkirsche, Aronstab, Rhododendron oder Eisenhut sind sehr giftig und können zu Erbrechen, Krämpfen, starkem Speicheln bis hin zu schockartigen Todesfällen führen. Auch im Haus selbst sollte man Diefenbachie, Alpenveilchen, Gummibaum, Weihnachtsstern oder auch Birkenfeige nicht im Zugangsbereich für Hunde pflanzen. Auch bei Adventsgestecken können giftige Gewächse eingebunden sein, so zum Beispiel Eibe oder Mistelzweige. Deshalb möglichst vorher die Pflanzen auf Ungiftigkeit prüfen.

Nicht alles, was Welpen aufspüren und fressen, ist auch genießbar.

Vorsicht, wenn Ihr Welpe sich bei der Hausarbeit oder im Stall nützlich machen will! Lassen Sie nie gefährliche Chemikalien in Reichweite des Hundes stehen.

Gefährliche Lebensmittel
Küchenzwiebeln zählen ebenso wie Knoblauch zu den für Hunde ungenießbaren Gemüsearten. Sie können zur Schädigung der roten Blutkörperchen führen. Auch Weintrauben und Rosinen sind in größeren Mengen nicht für Hunde geeignet, sie verursachen Durchfall, Erbrechen und können sogar zu Nierenversagen führen. Ab zehn Gramm pro Kilogramm Körpergewicht treten Vergiftungserscheinungen auf.

Avocados sind ebenso giftig wie der Genuss von Schokolade; das Theobromin des Kakaos wird von Hunden nicht vertragen. Nikotin ist ebenfalls hochgiftig und der Verzehr einer Zigarette kann bei einem Welpen zu Muskelkrämpfen, Erregungszuständen und Kreislaufkollaps führen.

Bohnen, Auberginen und Kartoffeln zählen zu den Nachtschattengewächsen und enthalten das für Hunde giftige Solanin, das zu Vergiftungserscheinungen führen kann. In gekochtem Zustand sind Kartoffeln ungiftig.

Zerbissene Obstkerne setzen Blausäure frei und können zu Erbrechen, Durchfall, Atemnot und schließlich zum Tod führen.

Giftige Chemikalien
Oft kommen Hunde auch mit Rattengiftködern in Kontakt oder fressen diese, auch wenn man sie vermeintlich gut versteckt hat!

Andere Insektizide oder Unkrautvernichtungsmittel, Schneckenkorn oder Pflanzenschutzmittel gehören für Tiere unzugänglich aufbewahrt. Am besten benutzen Sie in einem Haushalt mit Tieren nur pflanzliche und für Säugetiere unbedenkliche Mittel. Hat Ihr Hund dennoch eine Chemikalie aufgenommen, versuchen Sie Ruhe zu bewahren und möglichst die Packung des Giftstoffes einzupacken. Fahren Sie sofort in eine Tierklinik und nehmen Sie möglichst eine Hilfsperson mit, damit Ihr Hund während der Fahrt betreut ist.

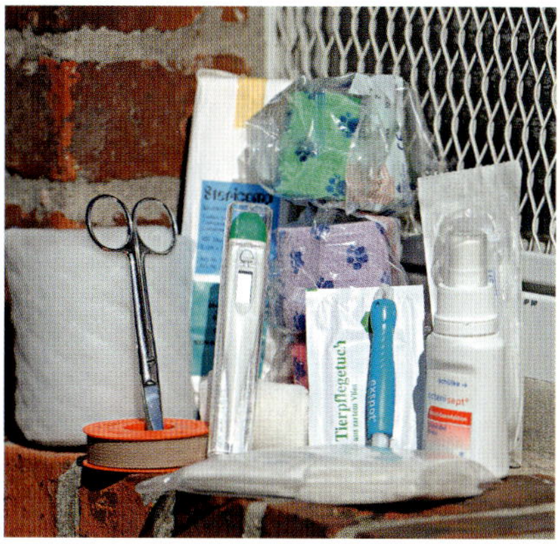

Eine kleine Hausapotheke sollte jeder Hundebesitzer haben.

Halten Sie die Atemwege frei, wischen Sie Erbrochenes oder Speichel aus dem Maul. Sie können auch die Zunge seitlich ein Stück aus der Maulhöhle ziehen, um den Kehlkopf freizuhalten. Kommt es zum Atemstillstand, können Sie eine Mund-zu-Nase-Beatmung versuchen, Sie müssen dazu das Maul des Hundes geschlossen halten, Ihren Mund über die Nasenlöcher setzen und Luft einblasen.

Versuchen Sie möglichst, in der Klinik Ihr Kommen anzukündigen. Wenn Sie bereits den Stoff kennen, den Ihr Hund gefressen hat, kann man schneller reagieren und sich auf Ihren Hund vorbereiten.

Erste Hilfe

Viele Tierarztpraxen und auch Hundeschulen bieten regelmäßig Erste-Hilfe-Kurse für Hundehalter an. Es ist empfehlenswert, einen solchen Kurs, bei dem auch praktische Übungen am Hund durchgeführt werden, mitzumachen. Das Wichtigste ist jedoch das Erkennen eines Notfalls, auf die Symptome zu achten und die ersten Anzeichen einer ernsthaften Erkrankung zu bemerken.

Info | Hausapotheke

- Telefonnummern des Haustierarztes und einer guten Tierklinik, die 24 Stunden erreichbar ist
- Digitales Fieberthermometer
- Zeckenzange
- Schere
- Pinzette
- Verbandsmull, Verbandswatte und mehrere Haftbinden zum Anlegen eines Verbandes
- Desinfektionsmittel in flüssiger Form, eventuell auch Wundsalbe
- Zinksalbe
- Kühlgelpäckchen für kühlende Auflagen bei Stichen und Schwellungen
- Durchfalltabs, Diätfutter gegen Durchfallerkrankungen
- Eventuell Augensalbe gegen Entzündung oder bei Verletzung einsetzbar
- Verschiedene Homöopathica mit Einsatzvorgabe, z.B. Cantharis bei Blasenentzündung, Apis bei Insektenstichen, Arnica bei Traumata.

Am besten lassen Sie sich die Hausapotheke von Ihrem Tierarzt zusammenstellen, er kennt Ihren persönlichen Einsatzbereich am besten und kann die Apotheke auch speziell für Urlaubsreisen erweitern.

Erziehung leicht gemacht

Ridgebacks sind intelligente und eigenständige Hunde. Sie sind gute Fresser und mit Lob und Leckerchen leicht zu motivieren und zu erziehen. Stimmt die Bindung zwischen Mensch und Hund und geht man mit liebevoller Konsequenz an die Ausbildung, wird der Erfolg nicht auf sich warten lassen. Gestalten Sie den Alltag abwechslungsreich und machen Sie sich für Ihren Hund interessant, dann macht die gemeinsame Arbeit viel Spaß und Sie werden beide miteinander lernen!

Mit liebevoller Konsequenz

Die Erziehung eines Hundes sollte immer auf Vertrauen zu seinem Besitzer aufgebaut sein. Geben Sie Ihrem Hund Sicherheit und bleiben Sie konsequent, in allem, was Sie erreichen möchten. Je weniger Sie mit Druck bei der Erziehung vorgehen und je souveräner Sie auch in Stresssituationen bleiben, desto eher wird der Ridgeback Sie als Führungspersönlichkeit anerkennen und sich zu einem angenehmen Familienmitglied entwickeln. Ridgebacks – wie die meisten anderen Hunde auch – mögen absolut keinen Kadavergehorsam und stellen vieles im Bereich der Erziehung infrage. Hat er seinen Platz im Rudel anerkannt und respektiert er Ihre Persönlichkeit, wird er sich zum perfekten Begleiter an Ihrer Seite entwickeln. Viele Punkte in der Hunderziehung laufen nicht über Stimme, Halsband oder andere Hilfsmittel, sondern über Körperhaltung, Gesten und Aktionen des Hundehalters. Wenn Sie sicher und authentisch auftreten, wird Ihr Hund ein Vertrauensverhältnis zu Ihnen aufbauen, die es auch in schwierigen Situationen ermöglicht, ihm Halt zu geben.

Eine auf Vertrauen und liebevolle Konsequenz basierende Erziehung zahlt sich lebenslang aus.

Zwei, die sich super verstehen, und ein gut funktionierendes Minirudel sind.

Miteinander im Rudel

Wölfe oder auch Wildhunde leben in Rudeln und folgen exakten Strukturen. Jedes Tier hat seinen Platz innerhalb des Rudels und natürlich auch seine Aufgaben und Rechte. Auch der Familienverband stellt für den Hund ein Rudel dar. Einen selbstbewussten und souveränen Hundehalter wird der Ridgeback problemlos als Chef akzeptieren und sich ins Rudel einfügen.

Der richtige Weg

Überfordern Sie Ihren Ridgeback nicht und verlangen Sie nicht zu schnell zu viel von ihm. Er ist nicht unbedingt der Typ Hund, der bedingungslos ungefragten Gehorsam zeigt. Üben Sie zu viel oder gar falschen Druck auf ihn aus, kann er schnell mit Verweigerung oder Sturheit reagieren. Setzen Sie in jeglicher Ausbildungssituation auf Motivation, freuen Sie sich an den noch so kleinen Erfolgen und loben Sie Ihren Ridgeback überschwänglich. Bleiben Sie dabei auch immer der Schutz und Sicherheit vermittelnde Rudelführer. Ridgebacks sind sehr feinfühlige Hunde, die auf Stimmungsschwankungen und Launen der Menschen reagieren. Versuchen Sie geradlinig zu sein und bewahren Sie auch dann Ruhe, wenn Sie sich ärgern oder wenn etwas in der Erziehung nicht auf Anhieb klappt.

Erziehung muss in den Alltagsablauf einbezogen werden und festigt sich durch den täglichen Umgang mit dem Hund. Immer wiederkehrende Rituale und kleine Übungen festigen Erlerntes. Wichtigste Voraussetzung für eine erfolgreiche Erziehung ist die klare Regelung der Rangordnung und die Festigung der Bindung zwischen Mensch und Hund. Wer erst über die Stellung innerhalb des Rudels diskutieren muss, hat es schwer, seine Erziehungsziele zu erreichen.

Ausbildungshilfen

Es gibt viele hervorragende Bücher über das Wesen, den Umgang und über die Erziehung von Hunden. Beginnend mit der spielerischen Anleitung für Welpen gibt es für alle Bereiche der Ausbildung und der Freizeitgestaltung mit Hunden entsprechende Literatur. Jeder Hundehalter sollte sich über die grundlegenden Verhaltensmuster von Hunden oder auch von Wölfen belesen. Immer wieder ergänzen neue Bücher, Studien oder auch Veröffentlichungen das Wissen und den Erfahrungsschatz und geben neue Ansatzpunkte für eine erfolgreiche und partnerschaftliche Ausbildung.

Die richtige Hundeschule

Hundeschulen leiten Sie bei der Ausbildung Ihres Ridgebacks an, sie bieten die Möglichkeit zur Sozialisierung und bieten Kurse für viele Bereiche und Hundesportarten an. Schauen Sie sich möglichst schon Hundeschulen in Ihrer Nähe an, bevor Sie den Welpen zu sich nehmen. Wohnen Sie einer Welpenstunde und am besten auch einer Junghundestunde bei und stellen Sie am Ende der Stunde Fragen zu den Kursen und den Abläufen. Die Trainer sollten über fundiertes Fachwissen und eine mehrjährige Ausbildung verfügen. Leider gibt es gerade unter den vielen privaten Hundeschulen auch selbsternannte Hundegurus ohne Ausbildung, die sich jedoch als Hundetrainer berufen fühlen. Über den BHV, den Berufsverband der Hundeerzieher/innen und Verhaltensberater/innen e.V., kann man deutschlandweit Adressen solider Hundeschulen erfahren. Wichtig ist auch, dass Sie mit dem Trainer oder der Trainerin auf ähnlicher Wellenlänge sind, der Ausbilder sein Wissen gut vermitteln kann und dass man Verständnis und ein offenes Ohr für alle Fragen bezüglich der Ausbildung findet. Letztlich gilt für jede Hundeschule oder jeden Trainer: Sie und Ihr Hund müssen gut mit dem Ausbilder auskommen, Sie müssen verstehen, was man von Ihnen und Ihrem Hund erwartet und Sie sollten Freude bei der Ausbildung haben.

Gesucht und gefunden: Ein Team fürs Leben!

Welpengruppen

Ganz wichtig und entscheidend ist, dass die Welpen nicht unbeaufsichtigt sich selbst überlassen werden und dass die Gruppen nach Alter und Größe eingeteilt sind. Generell ist es schön, wenn möglichst viele unterschiedliche Hunderassen zusammen spielen können. Auf 4–6 Welpen sollte ein Ausbilder kommen, der auch einschreiten kann, wenn ein einzelner Welpe einmal bedrängt wird. Spätestens ab der 16. Woche sollten die großwüchsigen Rassen in die nächste Gruppe eingeteilt werden, damit das Größen- und Kräfteverhältnis ausgewogen bleibt. In der Welpenschule können schon kleine Erziehungseinheiten eingebaut werden. So rufen zum Beispiel alle Welpenbesitzer ihren Hund aus dem Spiel ab und belohnen ihn sehr, wenn er kommt. Der Welpengruppe sollten neben ausreichend Platz zum Spielen auch kleine welpengerechte Hindernisse, Tunnel, Planen, eine Ballkiste oder eine Wippe zur Verfügung stehen. Unsichere Welpen schauen sich schnell von ihren Artgenossen deren unbefangenen Umgang mit den Spielgeräten ab und folgen ihnen. Auch die Grundsignale wie „Hier“, „Sitz“, „Platz“ und auch die Leinenführigkeit werden bereits in der Welpengruppe spielerisch erlernt.

Junghundegruppen

Ab dem vierten Lebensmonat etwa wird Ihr Junghund in die nächste Gruppe wechseln und weitere Fortschritte in der Erziehung machen. Die Leinenführigkeit wird geübt, ebenso wie „Sitz“, „Platz“ und natürlich immer wieder das wichtigste Signal „Hier“! Die Spiele wechseln mit Erziehungseinheiten ab und ermöglichen den Junghunden, sich während der Lerneinheiten zu konzentrieren und sich beim Spielen auszutoben. Kontrolliertes Spielen und Rangeln bei Junghunden fördert die Entwicklung für ein gutes Sozialverhalten beim erwachsenen Hund.

Je nach Alter, Rasse und Ausbildungsstand werden die heranwachsenden Hunde in eine für sie passende Gruppe eingeteilt. Die Lernphasen werden länger und die Spieleinheiten reduziert, manchmal wird nur zu Beginn oder am Ende einer Stunde gespielt.

Erziehung im Alltag

Zu Hause werden Sie bemüht sein, das in der Hundeschule Erlernte zu vertiefen und in den Alltag einzubeziehen. Durch viele Wiederholungen festigen sich die einzelnen Übungen und sind irgendwann auch unter Ablenkung abrufbar. Bauen Sie in jeden Spaziergang kleine Übungseinheiten ein; auch zu Hause kann man „Sitz“, „Platz“ oder „Bleib“ üben und den Hund beschäftigen. Erst nach vielen, vielen Wiederholungen kann man sich sicher sein, dass Aufgaben erfolgreich ausgeführt werden. Wenn Sie immer beharrlich und konsequent bei der Erziehung sind, wird das ganz bestimmt gute Früchte tragen.

Lob und Tadel

Hunde reagieren sehr emotional auf unser Verhalten. Haben sie in unseren Augen etwas positiv gemacht, werden wir uns überschwänglich freuen, sie mit Worten und/oder Futter ausgiebig belohnen und so das gewünschte Verhalten bestärken. Sie werden dieses Verhalten anschließend gern zeigen, weil sie auf unsere positiven Reaktionen hoffen. Umgekehrt wird ein unerwünschtes Verhalten von uns zunächst einmal ignoriert und der Hund möglichst nicht beachtet. Hat er zum Beispiel die Einrichtung während Ihrer Abwesenheit zerlegt, bringt es nichts, den Hund zu bestrafen, man reagiert besser mit Ignoranz und räumt gelassen die Reste des Zerstörungsanflugs auf. Zerlegt der Hund dagegen in Ihrer Anwesenheit Dinge, die nicht zu seinen Spielsachen gehören, oder stibitzt sich Essen vom Tisch, sollten Sie ihn unmittelbar bestrafen, sozusagen auf frischer Tat ertappen! Diese Bestrafung muss angemessen und klar definiert sein, der Hund muss sie direkt mit dem von ihm gezeigten Verhalten in Verbindung bringen können. Ebenso wie beim Lob muss die Bestrafung sofort dem Verhalten folgen, länger zurückliegende Abläufe kann der Hund nicht mehr mit Lob oder Tadel verbinden. Positive Bestätigung von erwünschtem Verhalten können zum Beispiel über Clickertraining sehr schön gefestigt werden.

Welpen erkunden gemeinsam ihre Umwelt.

Auf einen gut ausgebildeten Hund kann man sich verlassen.

Bei „Nein“ bleibt die Hand verschlossen und es gibt kein Leckerchen.

Das Abbruchsignal

Auch wenn man den Hund fast ausschließlich auf positiver Motivationsbasis erziehen kann, ist es dennoch wichtig, dass es ein Abbruchsignal gibt. Ein „Nein“, „Stopp“, „Schluss“ oder wie auch immer Sie es benennen möchten, muss zum sofortigen Abbruch des gezeigten Verhaltens führen. Dies ist im täglichen Miteinander angenehm und kann lebensrettend sein, wenn der Hund zum Beispiel Jagdverhalten zeigt, etwas Unbekömmliches aufnimmt oder auch nur in Richtung Straße rennt. Das „Nein“ wird bereits im frühen Welpenalter ganz deutlich mit Stimme und Gestik belegt. Halten Sie ein Leckerli auf der offenen Handfläche, bieten Sie es Ihrem Welpen an und sagen Sie: „Nimm.“ Er wird es gern verspeisen. Das wiederholen Sie einige Male und fordern ihn immer wieder freudig auf: „Nimm.“ Dann schließen Sie die Hand mit dem Leckerli, halten es dem Hund vor die Nase und sagen mit lauter und bestimmter Stimme: „Nein!“ Er kann nun das Leckerli gar nicht nehmen, da es sich in Ihrer geschlossenen Hand befindet. Sie warten, bis der Hund nicht an Ihrer Hand herumarbeitet, und bieten ihm das Leckerli erneut mit der Aufforderung „Nimm“ an. Er darf es verspeisen und Sie verfüttern wieder mehrere Happen mit der Aufforderung „Nimm“. Dann bauen Sie erneut ein Leckerli mit „Nein“ ein – schnell wird der junge Hund lernen, dass er bei einem „Nein“ das Leckerchen nicht fressen kann. Schon bald wird es möglich sein, dass Sie das Leckerli auf der offenen Handfläche anbieten können. Bei „Nimm“ wird der Hund es gern aufnehmen, bei „Nein“ wartet er ab und frisst erst, wenn Sie es wieder freigeben. So kann man schon kleine Welpen mit einem Wort und vor allem mit der Stimmlage auf ein „Nein“ trainieren. Auch hier sind zahlreiche Wiederholungen nötig. Das „Nein“ kann in vielen Situationen angewandt werden.

Die Sprache der Hunde

Wenn wir Verständnis von unserem Hund erwarten und mit ihm kommunizieren wollen, setzt dies voraus, dass wir uns der Sprache der Hunde als Hilfsmit-

Auf das Signal „Nimm“ hin darf der Hund das Leckerchen fressen.

tel bedienen und uns viel vom Verhalten der Hunde untereinander abschauen. Wenn man beobachtet, wie eine Hundemutter ihre Welpen erzieht, kann man einiges davon nutzen. Eine Hundemutter ruft mit hellen, fiependen Lauten nach ihren Welpen, sie begrüßt diese mit Lecken und Anstupsen. Fordert sie dagegen Abstand der Welpen oder Abbruch bestimmter Verhaltensweisen, wird sie knurren, lauter werden, schließlich auch drohend knurren und sogar die Zähne fletschen. Welpen, die die mehrfachen Warnungen der Mutterhündin oder auch anderer Rudelmitglieder ignorieren, können auch die Zähne zu spüren bekommen. Dies kann auch mal eine kleine blutige Verwarnung werden. Der Welpe wird bei erneutem Knurren der Mutter mit dem Abbruch der Verhaltensweise reagieren. So funktioniert die Erziehung auf Hundeart.

Während die Tante den Welpen pflegt, erzieht die Mutter ihn mit einem Schnauzengriff.

Über den Fang greifen

Die Mutter oder andere Rudelmitglieder maßregeln Junghunde auch mit dem „Über-den-Fang-Greifen"; dabei wird der gesamte Fang des rangniederen Hundes in das Maul genommen und kurz fixiert. Die Welpen oder Junghunde zeigen ihre Bereitschaft, sich der Mutter unterzuordnen. Die Mutter kann auch Welpen herausfordern, indem sie sich einen Knochen oder Spielzeug nimmt und den Welpen damit provoziert. Nähert er sich der „Beute", wird die Mutter mit einem Knurren ihr Anrecht auf das Objekt bestärken. Lässt der Welpe nicht ab, wird sie ihn mit einem deutlicheren Knurren oder dem Schnauzengriff stoppen. Ignoriert er auch dies, wird die Hündin ihn irgendwann mit einem Schnappen maßregeln. Der Welpe schreit und wird sich fürchterlich erschrecken, hat aber seine Lektion für lange Zeit gelernt. Erst wenn der Welpe sein Interesse am Objekt verloren hat, gibt die Mutter dieses frei. Hundesprache ist einfach und eindeutig, und genau das müssen wir in der Erziehung eines Hundes berücksichtigen.

Dominanz

Hunde zeigen im Spiel dominantes oder submissives Verhalten. Die Rollen können auch wechseln, sodass jeder Spielpartner mal in die eine und mal in die andere Rolle schlüpfen kann. Auch bei erwachsenen Tieren kommt es zu Begegnungen, die von Dominanzgehabe geprägt sind. Hunde verfügen über viele Möglichkeiten, ihr Selbstbewusstsein zum Ausdruck zu bringen, sei es durch die Rutenhaltung, einen leicht gestellten Kamm oder einen Imponiergang mit stolzierenden kurzen Schritten. Nicht immer muss der ranghöhere Hund bei einer Begegnung mit einem rangniedrigeren Tier dies zur Unterwerfung in Rückenlage bringen, meist reichen kleine Ausdrucksformen aus, um die Rangfrage zu klären. Kein Hund ist von sich aus dominant, es bedarf immer einer Zweierbeziehung und der Anerkennung der Überlegenheit des anderen. Dies kann und muss man sich für die Mensch-Hund-Beziehung zunutze machen.

Körpersprache

Besser als unsere Sprache verstehen und reagieren Hunde auf die Körpersprache. Deshalb sollte unsere Körperhaltung immer klar und deutlich sein, wenn wir mit dem Hund kommunizieren. Unterstützen Sie verbale Signal auch mit einer eindeutigen Körperhaltung und bleiben Sie immer ruhig und konsequent.

Den Platz in der Familie finden

Die Erziehung des Welpen beginnt am ersten Tag. Wichtig ist, dass Sie ihn mit viel Verständnis und Liebe, aber auch mit Konsequenz erziehen. Auch wenn der Welpe noch so süß und niedlich ist, ist es wichtig, dass Sie von Beginn an feste Regeln und Strukturen einführen, denn umso leichter kann der Welpe lernen, sich in der Familie zurechtzufinden und seinen Platz im Rudel einzunehmen. Nutzen Sie die Anpassungsfähigkeit des Welpen und seine Bereitschaft, Ihnen überallhin zu folgen; stellen Sie klare Regeln auf und bestehen Sie darauf, dass diese eingehalten werden. Setzen Sie nichts mit Gewalt durch, sondern mit positiver Bestärkung, der Welpe wird sich zu einem freudigen und motivierbaren Rudelmitglied entwickeln.

Wenn der Mensch eine klare Führungsposition innerhalb des Rudels hat, gibt es nur selten Spannungen unter den Hunden.

Tipp | Nach einem Tadel

Wenn Sie den Hund für ein unerwünschtes Verhalten getadelt haben, warten Sie, bis dieser von sich aus wieder den Kontakt zu Ihnen sucht. Sie müssen sich nicht entschuldigen, allerdings ist der Rudelführer auch nicht nachtragend und grenzt den Hund nicht aus. Der Rangniedere wird den ersten Kontakt nach einer Auseinandersetzung suchen und prüfen, ob Sie wieder freundlich gestimmt sind.

Die leidige Frage um das Sofa

Natürlich wird es ein unumstrittenes Thema sein, dass der Welpe stubenrein wird – da gibt es keine Diskussionen und alle Familienmitglieder werden um eine schnelle Lösung dieses Problems bemüht sein. Anders sieht es mit dem Platz auf dem Sofa oder im Bett aus. Fast alle Menschen, die zum ersten Mal einen Ridgeback erwerben, haben bereits im Vorfeld gewisse Vorstellungen, was sie dem Hund erlauben möchten und was ein Tabu bleiben sollte. Dazu gehört fast immer der Vorsatz, dass der Hund auf keinen Fall auf das Sofa darf, und das Bett ist erst recht tabu. Tatsache ist, dass mehr als drei Viertel der Ridgebacks Bett und Sofa mit ihren Besitzern teilen, und die Ridgebackhalter, die hart im Kampf um die nächtliche Ruhestätte geblieben sind, haben in der Regel das Gerangel um das geliebte Sofa mit einer Kompromisslösung beendet. So darf der Ridgeback es sich zum Beispiel auf einer ihm zugewiesenen Sofaecke mit Hundedecke gemütlich machen, ohne dass der Rudelführer sein Gesicht verloren hätte. Mit der Freigabe des Sofas haben Sie höchstens einen Platz, nicht aber Ihren Führungsanspruch verloren.

Ridgebacks wollen kuscheln

Ridgebacks lieben es, erhöht zu liegen und den Überblick über alles, was sich im Haus tut, zu behalten. Dazu sind erhöhte Liegeplätze geradezu prädestiniert. Außerdem kann man in ruhigen Stunden mit dem Besitzer kuscheln und Körperkontakt suchen. Ähnlich verhält es sich mit dem Bett; Ridgebacks mögen es nicht nur warm, sondern suchen auch den engen Kontakt zu ihren Menschen und schlafen gern zugedeckt. Sie halten es problemlos die ganze Nacht unter der warmen Daunendecke aus. Von der Entstehungsgeschichte her suchten Ridgebacks immer den engen Kontakt zu ihren Besitzern und waren auch in Sachen Gefahrenabwehr ein direktes Schutzschild im afrikanischen Busch.

Das Liegen auf dem Sofa hat übrigens nichts mit der oft zitierten Dominanz durch die Einnahme eines strategisch wichtigen Platzes zu tun. Ein Hundetrainer, der Ihnen so etwas erzählt, hat von Erziehung oder Persönlichkeitsstruktur innerhalb eines Rudels nicht allzu viel Ahnung. Der Hund möchte nicht den Ruheplatz mit Ihnen teilen, um an Ihrer Rangposition zu rütteln, sondern um Ihnen nahe zu sein. Wenn Sie aus anderen Gründen nicht möchten, dass der Hund auf dem Sofa oder im Bett schläft, bleiben Sie von Anfang an konsequent und machen Sie keine Ausnahme.

Ridgebacks sind sehr beharrlich im Erreichen ihrer Ziele, eine einzige Ausnahme wirft Sie um Tage oder Wochen zurück. Wenn der Hund nicht aufs Sofa soll, bleiben Sie standhaft bei Ihrer Meinung und scheuchen Sie ihn immer runter, sollte er es sich doch mal bequem gemacht haben. Irgendwann gibt auch ein Ridgeback auf – oder eben der Hundehalter.

Als Erster durch die Tür und andere Vorurteile

Lassen Sie Ihren Hund getrost als Ersten durch die Tür gehen oder die Treppe hinauf und hinunter; dies hat nichts damit zu tun, wer das Sagen im Haus hat. Tatsächlich wird ein Hund sich eher an der Persönlichkeit eines Menschen orientieren als an solchen Äußerlichkeiten wie die Reihenfolge einer Türpassage. Es spielt auch keine Rolle, ob Sie den Hund vor oder nach Ihren Mahlzeiten füttern.

Wird er zuerst gefüttert, kann er sich auf seinen Hundeplatz zurückziehen, während Sie essen. Wichtig ist, dass die Aufgaben, die Sie von Ihrem Hund erwarten, spontan ausgeführt werden und dass Sie auf deren Ausführung bestehen. Wenn Sie zuerst durch eine Tür gehen möchten, sollte dies jederzeit möglich sein und nicht von Ihrem Hund infrage gestellt werden. Je weniger Bedeutung Sie solchen Situationen beimessen, desto unbedeutender wird es auch für Ihren Hund sein.

Allein bleiben

Keinem Hund fällt das Alleinsein leicht. Ridgebacks gehen eine intensive Bindung zu ihren Menschen ein und reagieren sehr sensibel auf Verlassenwerden. Sie können jammern, heulen, bellen oder auch das Inventar zerstören, wenn sie nicht vom Welpenalter an daran gewöhnt werden, eine Weile allein zu bleiben. Am besten beginnen Sie mit dem Training nach den ersten Tagen der Eingewöhnung. Gehen Sie in den Nebenraum, zunächst wenige Sekunden oder Minuten, und kommen Sie gleich zurück. Legt sich der Welpe nach einem Spaziergang zum Schlafen, können Sie ebenfalls eine Zeit lang in einen anderen Raum gehen, ohne den Welpen tatsächlich zu verlassen. Haben Sie dies etwas ausgebaut, können Sie nach einiger Zeit auch kurz das Haus verlassen. Schreit der Welpe, ignorieren Sie ihn und wählen Sie den Moment, in dem Sie zurückkommen, wenn er sich beruhigt hat und nicht mehr weint oder heult.

Einer der Lieblingsplätze für jeden Ridgeback: das begehrte Sofa.

Kein Begrüßungstheater

Wichtig ist, dass Sie Ihre Rückkehr nicht inszenieren. Versuchen Sie den Hund zunächst zu ignorieren, auch wenn es schwerfällt. Wenden Sie sich Ihrem Einkauf oder einer banalen Hausarbeit zu und beachten Sie den Hund erst dann, wenn seine überschwängliche Begrüßungsfreude etwas nachgelassen hat. Je weniger Aufheben Sie um das Weggehen und Zurückkommen machen, umso eher wird der Hund es als Alltäglichkeit einordnen, dass er allein bleiben kann. Mit der Zeit können Sie die Zeiträume ausdehnen und auch einige Stunden wegbleiben. Wichtig ist immer, dass der Ridgeback vorher schon ausreichend Auslauf hatte und nicht länger als 4–5 Stunden allein bleiben muss. Wer ganztägig berufstätig ist und den Hund nicht mitnehmen kann, sollte sich besser keinen Hund halten.

Auch wenn Sie immer zu Hause sind und den Ridgeback nicht allein lassen müssten, ist diese Übung ein ganz wichtiger Schritt in der Ausbildung des jungen Hundes. Wird es im ersten Lebensjahr nicht trainiert, ist es nur mit großem Aufwand oder gar nicht mehr nachzuholen.

Hochspringen

Hunde begrüßen Menschen, indem sie an ihnen hochspringen. Ein jüngerer Hund begrüßt einen älteren, indem er ihm das Maul leckt. Dadurch zeigt er seine Unterlegenheit und bringt durch das sogenannte „Futterlecken“ seine Freude zum Ausdruck. Dies möchte er auch bei den Menschen machen, die er begrüßen will, und er versucht durch Hochspringen an das Gesicht zu kommen. Sie können in die Hocke gehen und den Hund begrüßen, damit lässt sich das Hochspringen manchmal ver-

Einer stürmischen Begrüßung mit Hochspringen begegnet man am besten …

meiden. Versuchen Sie auch, ihn zu ignorieren, wenn er Sie anspringt – drehen Sie sich weg und beachten Sie ihn nicht. Für standhaftere Springer können Sie auch eine Abwehrbewegung mit dem Knie in Richtung Hund machen und ihn damit zurückschieben.

Hundeplatz

Ein wichtiges Signal innerhalb des Hauses ist „Hundeplatz". Der Hund sollte von Anfang an lernen, bei diesem Hörzeichen auf einen ihm zugewiesenen Platz zu gehen und sich dort hinzulegen. Dies kann während der Mahlzeiten der Menschen erfolgen und auch in anderen Situationen nützlich sein. Ganz gleich, ob der Hund sich nach einem Spaziergang ruhig verhalten soll, ob ein Handwerker im Haus ist oder Sie einfach nur sauber machen möchten: Wenn Sie das Hörzeichen „Hundeplatz" geben, sollte sich der Hund sofort dorthin zurückziehen. Steht er auf, gehen Sie geduldig wieder mit ihm an den Platz und belohnen und loben Sie ihn, wenn er sich hinlegt. Bewahren Sie die Geduld; je mehr Sie am Anfang durchhalten, desto leichter wird der Hund dem Signal folgen und auf seinem Platz liegen bleiben. Dies kann auch für einen Restaurantbesuch oder dergleichen sehr nützlich sein. Konsequenz wird sich auch hier auszahlen.

Tipp | Kleine Decke

Nehmen Sie immer eine kleine Decke für Ihren Ridgeback mit ins Restaurant oder zu Besuchen, dann ist das Thema „Hundeplatz" kein Problem. Auf Fliesen, Parkett oder anderen festen und kalten Böden mögen Ridgebacks sich nur ungern legen und es gibt unnötige Diskussionen.

... durch Abwenden. Unterlässt er sein Gehüpfe, kann man sich zu ihm hinunterbeugen und ihn begrüßen.

Auch Spielen will gelernt sein

Spielen ist wichtig für die Entwicklung Ihres kleinen Ridgebacks, es fördert die Bindung, schafft Vertrauen und der Hund kann spielerisch lernen, seine Kräfte gegenüber dem Menschen zu zügeln. Vor dem Zahnwechsel mit etwa 4–5 Monaten wird der Welpe seine messerscharfen Zähnchen an Ihren Armen, Beinen oder auch mal in Ihrem Gesicht ausprobieren. Dies ist sehr schmerzhaft und kann blutige Spuren hinterlassen. Im gezielten Spiel lernt er, seine Zähne vorsichtig einzusetzen, ansonsten brechen Sie das Spiel sofort ab und entziehen sich. Wichtig ist, dass Sie als Rudelchef immer den Beginn und auch das Ende des Spiels bestimmen. Wird der Welpe zu heftig, kommt es zum Spielabbruch; Sie können auch den Raum kurz verlassen und sich entziehen. Zusätzlich kann man auch einen Schmerzlaut äußern, ein lautes „Au!" sollte ihn in seiner Spielintensität bremsen.

Attacke!

Kleine Ridgebacks sind sehr ausdauernd in ihrem Spieltrieb und scheinen viel Vergnügen an spielerischen Beißattacken zu haben. Kaum ein Familienmitglied wird verschont, und vor allem Kinder kommen schnell an eine Grenze, an der sie Unterstützung benötigen. Der Welpe kommt meist aus einer großen Geschwisterschar zu Ihnen nach Hause und hat keine Raufpartner mehr; schnell hat er Vertrauen aufgebaut und nimmt die Familienmitglieder als Sparringpartner an. Wichtig ist, dass Sie von Beginn an klare Regeln aufstellen.

Zerrspiele mit einem Spielzeug sind wichtig und schonen die Arme vor den spielerischen Beißattacken des Junghundes.

Beutespiele

Werfen Sie ein Spielzeug für den Welpen und fordern Sie ihn auf, hinterherzujagen. Rennen Sie ruhig auch mal hinter ihm her und tun so, als würden Sie ihm die Beute abjagen wollen. Sie können auch ein Zerrspiel einbauen; wichtig ist, dass Sie ab und zu die Herausgabe des Spielzeugs fordern: Bieten Sie dem Welpen einen Belohnungshappen zum Tausch an, fassen Sie das Spielzeug und sagen Sie dabei deutlich „Aus“. Geben Sie ihm die Belohnung und beginnen Sie das Spiel von vorn. Schnell lernt Ihr Welpe, dass er auf das Signal „Aus“ das Spielzeug abgeben muss und Sie trotzdem mit ihm weiterspielen. Auch kleine Futterfährten können Sie spielerisch erarbeiten lassen; das Signal „Such“ wird er schnell mit dem Suchen einer kleinen, mit Leckerli bestückten Fährte in Verbindung bringen.

Tipp Spielabbruch

- Sie bestimmen Anfang und Ende des Spiels.
- Benutzen Sie ein Abbruchwort, wenn Sie aufhören möchten, zum Beispiel „Schluss“, und wenden Sie sich ab.
- Versuchen Sie, die Beißattacken auf ein Spielzeug umzulenken, und ziehen Sie mit ihm am Seil oder Spieltier.
- Geben Sie nach und überlassen Sie dem Welpen die „Beute“, beim nächsten Mal „gewinnen“ Sie.
- Kinder sollten nur unter Aufsicht und Anleitung mit einem Welpen spielen, auch hier sind Sie der Chef und überwachen das Spiel. Zerrspiele an einem Seil oder Ähnlichem kann auch ein Kind gut durchführen, ohne von den spitzen Zähnchen verletzt zu werden.
- Steigert sich der Welpe zu sehr ins Spiel und wird zu wild, verlassen Sie den Raum oder sperren den Welpen kurzfristig in einen Laufstall oder in einen Zimmerkennel, er wird schnell herunterkommen.
- Wenn Sie Spielabbruch fordern, bleiben Sie klar und deutlich mit Stimme und Körpersignalen – auch eine Hundemutter sagt eindeutig, wann es ihr zu viel ist und das Spiel aufhört.
- Steigert sich der Welpe trotz Abbruch und Entzugsversuchen immer wieder in seine Beißattacken, können Sie ihn auch mit der Hand über den Fang fassen und festhalten. Dies sollte aber möglichst die Ausnahme bleiben, besser ist ein Spielabbruch durch Umlenkung.
- Versuchen Sie, ein Spielzeug zu werfen und den Welpen damit von Ihren Beinen abzulenken. Und eines ist sicher: Spätestens nach dem Zahnwechsel hören die wilden Beißattacken auf und die Zähne sind auch weniger spitz.

Das kleine Einmaleins der Hundeerziehung

Den Namen lernen

Hunde sind durchaus in der Lage, gesprochene Worte und Laute zu unterscheiden. Sprechen Sie Ihren Welpen immer wieder mit seinem Namen an, er wird schnell lernen, dass er gemeint ist. Vermeiden Sie am Anfang Kosenamen oder Wortkombinationen, auch ganze Sätze kann der Hund nicht verstehen. Klare kurze Wortgefüge machen es ihm leichter. „Balou, Hier!" ist verständlich, „Balouchen, komm doch mal bitte hierher" dagegen nicht, der Hund weiß nichts damit anzufangen. Wenn Sie mehrere Hunde haben, wählen Sie die Namen möglichst so, dass sie sich gut unterscheiden und nicht zu ähnlich klingen.

Die Grundsignale

„Hier"

Das wichtigste Signal in der Hundeerziehung ist das „Hier". Wenn es gut konditioniert ist, folgt der Hund aus allen Situationen heraus und kommt zu Ihnen. Bereits in den ersten Tagen können Sie beginnen, dem Welpen das Hörzeichen „Hier" anzutrainieren. Entfernen Sie sich einige Meter von ihm oder bitten Sie eine Hilfsperson, den Welpen kurz festzuhalten. Gehen Sie in die Hocke und rufen dann ein freudiges „Hier!". Der Welpe wird schnell zu Ihnen geflitzt kommen. Sie halten ein tolles Leckerli bereit, geben es ihm und belohnen ihn überschwänglich mit der Stimme, zum Beispiel mit „Prima" oder „Fein". Diese Übung wiederholen Sie immer wieder, vor allem auch unterwegs während der ersten kleinen Ausflüge. Am Anfang hat der Welpe einen starken Folgetrieb, da alles neu und er noch unsicher im fremden Gelände ist – nutzen Sie dies unbedingt aus. Belohnen Sie sein Kommen immer und freuen Sie sich, der Hund wird das „Hier" schnell mit „sehr positiv" verknüpfen. Wenn Ihr Hund abgelenkt ist, vertieft schnüffelt oder spielt, sollten Sie am besten einen kleinen Moment warten, bis er sich ohnehin auf den Weg zu Ihnen macht, und ihn genau dann mit „Hier" zu sich rufen. In aussichtslosen Situationen sollte man lieber erst gar nicht rufen, zum Beispiel wenn der junge Hund mit anderen in ein wildes Spiel vertieft ist. Gehen Sie hin und nehmen Sie ihn wortlos zu sich. Sie können das Hörzeichen „Hier" von Anfang an mit einem Sichtzeichen, der flachen Hand auf der Brust, belegen

Auf die richtige Körperhaltung kommt es an: So respektiert Bahari auch die Signale von Lena.

und den Hund dadurch gleichzeitig mit Zeichensprache ausbilden. Bauen Sie die Distanz weiter aus, rufen Sie mit deutlicher und freundlicher Stimme und vergessen Sie nie die Belohnung. Kommt Ihr Hund in die Phase der Pubertät und ignoriert womöglich das „Hier", sollten Sie ihn an die lange Leine nehmen. Trainieren Sie mit der Leine wie bisher. Bei „Hier" gehen Sie rückwärts, halten die Hand auf die Brust und belohnen ihn, wenn er zu Ihnen kommt. Ignoriert er Sie, ziehen Sie ihn langsam zu sich heran, rufen „Hier" und belohnen ihn, sobald er dicht bei Ihnen ist.

„Sitz"

„Sitz" ist ein Signal, das der Welpe schnell lernen kann. Man nimmt ein Leckerli und führt es dicht an der Nase des Hundes vorbei über dessen Rücken nach hinten. Mit der anderen Hand hält man den Zeigefinger nach oben, und sobald der Hund seinen Po in Richtung Erde bewegt, sagt man „Sitz". Hat er sich gesetzt, wird er gelobt und bekommt das Leckerchen. Danach wird das Signal mit „Lauf" aufgelöst, der Welpe darf wieder aufstehen. Bis der Hund das „Sitz" sicher beherrscht, sind viele Hundert Übungen erforderlich.

„Platz"

Wenn Sie mit dem Signal „Platz" beginnen, sollten Sie auf die Temperatur und den Untergrund achten, denn Ridgebacks finden es beinah unzumutbar, mit ihrem empfindlichen Bauch kalten feuchten Boden berühren zu müssen. Was im Sommer kein Problem darstellt, kann Sie bei kalter Witterung oder steinigem Untergrund schnell vor eine Herausforderung stellen, da sich der Welpe einfach nicht hinlegen möchte. Sind die Bedingungen schlecht, sollten Sie lieber ein andermal üben. Belohnen Sie den Hund, sobald er das Signal ausführt, und lösen Sie es wieder auf, bevor er von sich aus aufsteht.

Hochkonzentriert verfolgt Bahari das Handzeichen von Lena. Eine durch Vertrauen geprägte Mensch-Hund-Beziehung!

Für das Signal „Sitz“ bleibt man aufrecht stehen und hält den gestreckten Zeigefinger hoch.

Sehr gut lässt sich das Signal „Platz“ zu Hause auf dem Teppich üben. Gehen Sie in die Hocke, halten Sie den Welpen an der kurzen Leine, dann strecken Sie ein Bein nach vorn aus und locken den Welpen unter dem gestreckten Bein mit einem Leckerli hindurch. Genau in dem Moment, in dem der Welpe mit dem Bauch den Boden berührt, sagen Sie „ Platz“ und geben ihm das Leckerli. Lassen Sie ihn unter dem Bein hindurchkrabbeln und loben Sie ihn. Wiederholen Sie die Übung und geben Sie immer das Hörzeichen „Platz“, sobald sich der Welpe ablegt. Als Sichtzeichen zeigen Sie mit der flachen Hand nach unten, Sie können auch den Belohnungshappen mit dem Daumen an der Handfläche fixieren. Hat der Welpe das Signal „Platz“ mit dem Ablegen verknüpft, kann man auch aus dem Stand das Handzeichen geben und gleichzeitig „Platz“ sagen. Wichtig ist, dass der Untergrund für den Welpen angenehm ist. Verlieren Sie nicht die Geduld, wenn „Platz“ etwas länger dauert als „Sitz“.

„Bleib“

Für das Signal „Bleib“ braucht der Welpe ein gewisses Alter und sollte „Sitz“ und „Platz“ schon zuverlässig ausführen. Sie legen Ihren Hund ins „Platz“ und sagen „Bleib“. Ihre Hand zeigt mit der Handfläche zum Hund und Sie bewegen sich nur einen winzigen Schritt von ihm weg. Steht er auf, legen Sie ihn wieder an der gleichen Stelle ab und beginnen erneut. Wenn er liegen bleibt, gehen Sie wieder hin und heben das Signal mit „Lauf“ oder „Frei“ sofort auf. Loben Sie ihn überschwänglich und geben Sie ihm eine Belohnung. Bauen Sie die Distanz allmählich aus, erweitern Sie die Strecke, die Sie sich von Ihrem Hund entfernen, und bleiben Sie konsequent, auch wenn er immer wieder aufsteht und Ihnen folgt. Bringen Sie ihn kommentarlos an den Platz zurück, sagen Sie „Platz“ und beginnen mit der Übung erneut. Irgendwann wird auch der hartnäckigste Hund aufgeben und Ihr „Bleib“ befolgen. Selbstverständlich kann diese Übung auch im „Steh“ oder

Das Leckerchen folgt unmittelbar, wenn der Hund sich gesetzt hat.

„Sitz“ erfolgen, doch zunächst sollte sie im „Platz“ sicher klappen. Rufen Sie den Welpen anfangs nie aus seiner Position ab, er muss erst zuverlässig liegen bleiben, bis man mit dem Abruf aus dem „Bleib“ beginnen kann. Dazu benötigt man viele Wiederholungen. Bleibt der Hund auch über eine längere Zeit oder eine größere Distanz zuverlässig liegen, kann mit dem Abrufen begonnen werden.

„Steh“

Für junge Hunde ist es gar nicht so leicht, ruhig stehen zu bleiben. Trotzdem ist diese Übung durchaus nützlich, zum Beispiel wenn Sie an einer viel befahrenen Straße warten müssen, bis Sie diese überqueren können. Dann ist es hilfreich, wenn Ihr Hund gelassen neben Ihnen stehen bleibt. Halten Sie für das Signal „Steh“ die Hand gerade zur Seite in Richtung des Hundes. Zum Einüben des Signals können Sie ein Leckerli direkt vor die Hundenase halten und „Steh“ sagen. Erst wenn der Hund ruhig stehen bleibt, erhält er die Belohnung. Mit „Weiter“ oder „Fuß“ können Sie die Übung auflösen.

„Aus“

Auf dieses Kommando hin lässt der Hund Dinge, die er im Maul hat, fallen oder sich von Ihnen problemlos aus dem Fang nehmen. Beginnen Sie mit dieser Übung zu Hause ohne Ablenkung. Hat Ihr Hund einen Gegenstand im Maul, sagen Sie energisch „Aus“ und greifen mit der einen Hand über den Fang des Hundes, mit der anderen nehmen Sie den Gegenstand aus dem Maul. Diese Übung ist unglaublich wichtig; es kann sein, dass der Hund unverdauliche Dinge aufnimmt oder sogar etwas Vergiftetes frisst. Haben Sie zu Beginn Schwierigkeiten mit dem „Aus“ und will der Hund seine „Beute“ nicht loslassen, versuchen Sie es zunächst mit einem Tauschobjekt. Die meisten Hunde geben die Beute gern im Tausch gegen etwas Leckeres ab. Dies kann auch ein tolles Spielzeug sein.

„Nein"

Nein ist das Abbruchsignal schlechthin. Der Hund soll daraufhin sein Vorhaben unmittelbar abbrechen. Setzt er zum Jagen an oder will er etwas aufnehmen, was Sie nicht möchten, sagen Sie laut und energisch „Nein"! Sie können es mit dem schon beschriebenen Faustspiel konditionieren, indem Sie dem Hund Futter anbieten und ihn mit „Nimm" zum Fressen auffordern. Bei „Nein" hingegen schließen Sie die Faust und verweigern das Leckerli. Wichtig ist, dass Sie das „Nein" energisch sagen, damit der Hund sofort erkennt, dass Sie es ernst meinen! Gehen Sie im Alltag spärlich mit dem „Nein" um und verwenden Sie es nur, wenn Sie einen sofortigen Abbruch einer Situation herbeiführen wollen. Wenn „Nein" zu oft eingesetzt wird, kann es an Bedeutung und Strenge verlieren.

Der „Komm"-Pfiff

Viele Welpen sind bereits vom Züchter auf den Pfiff mit einer bestimmten Pfeife konditioniert. Wenn der Pfeifton bei jeder Fütterung eingesetzt wird, bleibt er dem Welpen in prägender Erinnerung. Auch in schwierigen Situationen kann man den Hund gut mit der Pfeife abrufen, sie hat immer denselben Klang, ist weit hörbar und unterliegt keinen gefühlsbetonten Schwankungen. Kommt der Hund auf den Pfiff direkt zu Ihnen zurück, belohnen Sie ihn mit einem ganz besonderen Leckerbissen, den Sie nur in Kombination mit der Pfeife verwenden. Bei der weiteren Ausbildung können Sie später unterschiedliche Pfeifen für Rückruf oder für ein Ablegen auf Distanz verwenden. Wichtig ist, dass Sie für gleiche Übungen immer die gleiche Pfeife verwenden.

Gerade Welpen sind unterwegs immer auf der Suche nach etwas Fressbarem.

„Prima!"
Fast eines der wichtigsten Worte, die jeder Hund verstehen lernt, ist ein Lobwort, zum Beispiel „Prima". Sobald Ihr Ridgeback einen Befehl ausgeführt hat oder sich positiv verhält, loben Sie ihn umgehend mit einem freudigen „Priiima". Schnell verknüpft der Hund sein Verhalten mit dem Lob.

Leinenführigkeit
Spaziergänge mit einem Hund, der ständig an der Leine zieht, können ganz schön anstrengend werden. Ein ausgewachsener Ridgeback wiegt zwischen 35 und 45 Kilogramm und kann Sie leicht von den Beinen holen. Beginnen Sie beizeiten mit dem Leinentraining, um einen leichtführigen Hund zu bekommen. Starten Sie mit Ihrem Welpen, wenn er schon etwas müde vom Spielen ist. Nehmen Sie ihn auf Ihrer linken Seite an die Leine, halten Sie ein Leckerli vor die Nase des Welpen und sagen Sie aufmunternd „Komm"! Geben Sie ihm alle paar Meter ein Leckerli und loben ihn, wenn er dicht bei Ihnen bleibt und nicht zerrt. Beginnen Sie mit einer kleinen Übungseinheit und lassen Sie den Welpen mit dem Signal „Lauf" wieder frei, wenn er ungefähr 20–30 Meter schön neben Ihnen hergelaufen ist. Bauen Sie nach einer Spielpause eine weitere Übungseinheit ein und loben Sie ihn, wenn es gut klappt. Üben Sie täglich in zunächst kleinen Etappen und bauen Sie diese allmählich aus.

Erste Schritte „Bei Fuß"
Wenn der Welpe die ersten Leinenführigkeitsübungen bestanden hat und problemlos neben Ihnen herlaufen kann, können Sie versuchen, seine Aufmerksamkeit auf sich zu ziehen, indem Sie zum Beispiel ein Leckerli oder auch ein Spielzeug in der Hand halten. Geben Sie ihm das Signal „Fuß" und halten Sie ihn mit Leckerli oder Spielzeug auf Höhe Ihres Knies. Ab und zu erhält er einen Leckerbissen und das Signal „Fuß" wird erneuert. Fängt Ihr Hund an zu ziehen, bleiben Sie sofort stehen und warten ab, bis keine Spannung mehr auf der Leine ist. Es geht erst weiter, wenn die Leine locker ist. Schnell wird er lernen, dass er nur dann vorankommt, wenn er nicht zieht. Es ist jedoch ausgesprochen wichtig, dass Sie ausnahmslos stehen bleiben, sobald sich die Leine strafft, und nur dann weitergehen, wenn sie locker durchhängt.

Beenden Sie die Übung, wenn er ein kleines Stück an lockerer Leine gelaufen ist. Üben Sie mehrmals täglich in kleinen Einheiten, zunächst maximal 5 Minuten, 2- bis 3-mal pro Tag.

So freudig geht ein gut erzogener Ridgeback an der lockeren Leine und hält Blickkontakt mit seiner Besitzerin.

Es erfordert viel Übung, bis der Hund leinenführig ist. Wenn man zu zweit trainiert, macht es mehr Spaß.

Feinschliff an der Leine
Allmählich können Sie das Leinentraining ausbauen und auch unter leichter Ablenkung üben. In der Stadt oder auf einer Wiese, wo es viel zu sehen gibt, ist es schwerer, sich auf den Hundeführer zu konzentrieren. Arbeiten Sie weiter wie gehabt und lenken Sie die Aufmerksamkeit Ihres Hundes mithilfe einer Belohnungen auf sich. Loben Sie ihn und bauen Sie kleine Abwechslungen in Ihre Übungen ein. Sie können mit Richtungswechseln arbeiten oder eine andere Gangart wählen, um die Aufmerksamkeit des Hundes zu erhalten.

Sobald Sie merken, dass die Konzentration nachlässt, sollten Sie die Übung rechtzeitig abbrechen und den Hund frei laufen lassen, um ihn nicht zu überfordern. Versuchen Sie nicht, mit Zug oder Leinenruck Druck auf den Hund auszuüben, das macht ihn nur unnötig hart.

Frei „Bei Fuß" gehen
Beherrscht der Ridgeback das Signal „Fuß" an der Leine, kann man das Gleiche auch ohne Leine trainieren. Wichtig ist auch hier, dass Sie die Aufmerksamkeit des Hundes gewinnen und das Training nicht an Stellen beginnen, an denen zu viel Ablenkung vorhanden ist. Gestalten Sie auch hier die Übungen nicht zu lang, um die Konzentrationsfähigkeit Ihres Ridgebacks nicht zu überfordern. Durch viele Wiederholungen und positive Bestätigung wird Ihr Hund auch ohne Leine zuverlässig bei Fuß gehen.

Was tun, wenn er nicht gehorcht?
Ridgebacks lernen schnell und sind leicht zu motivieren. Dennoch wird es Situationen geben, in denen Sie das Gefühl haben, Ihr Hund hätte alles verlernt beziehungsweise macht, was er will. Besonders in der Pubertät neigen die Hunde dazu, ihre eigenen Ideen zu

verwirklichen, und es kann zu großen Rückschritten in der Erziehung kommen. Der sonst so zuverlässige Junghund hat plötzlich viel mehr Interesse an anderen Hunden und rennt schon los, sobald er sie sieht. Bei einigen entwickelt sich das Interesse am Jagen, auch Spaziergänger können zu interessanten „Objekten" werden, und Ihr Signal wird ignoriert. Bewahren Sie Geduld, Ruhe und die Nerven! Geben Sie nur dann ein Signal oder rufen Ihren Hund, wenn auch die Chance besteht, dass er das Gewünschte ausführen wird. Spielt er intensiv in einer Hundegruppe, gehen Sie lieber hin, nehmen ihn am Halsband und leinen ihn an, statt mehrfach zu rufen, wenn Sie schon vorher ahnen, dass er nicht kommen wird.

Wer ist der Boss?

Überprüfen Sie die Rangordnung im Rudel. Funktioniert zu Hause alles wie gewünscht oder stellt Ihr Junghund etwa Führungsansprüche? Sind Ihre Signale eindeutig und bestehen Sie immer auf deren Ausführung? Loben Sie gewünschtes Verhalten auch ausgiebig?

Versuchen Sie jetzt, mit Ihrem Hund wieder in möglichst ablenkungsarmen Momenten zu arbeiten. Erkennen Sie Situationen, in denen der Hund sich auf andere Dinge konzentrieren wird, und nehmen Sie ihn möglichst vorher an die normale oder auch an die lange Leine. So behalten Sie Ihren Einfluss und es gibt keine Misserfolge. Ein paar Einzelstunden mit einem erfahrenen Hundetrainer helfen in solchen Phasen der Entwicklung in der Regel sehr gut über die Probleme hinweg.

Ihre Körperhaltung und Ihr Auftreten sollten dem heranwachsenden Ridgeback auch stets signalisieren: Ich meine es ernst mit dem, was ich von dir fordere.

Und letztlich ist es wie mit der Pubertät beim Menschen, auch diese Zeit geht vorbei und danach ist vieles wieder leichter. Wichtig ist, dass Sie konsequent bleiben und zu einem Team heranwachsen. Gehorsamkeit ist die Voraussetzung für ein harmonisches und zufriedenes Miteinander von Mensch und Hund. Ein souveräner, erzogener Ridgeback ist die beste Werbung für seine Rasse. Ziel jeder Erziehung ist ein frei folgender Hund, der sich an seinem Besitzer orientiert.

Vertrauensvoll folgt die Hündin dem Mädchen, die beiden sind ein gutes Team!

Jagdleidenschaft

Ridgebacks sind leidenschaftliche Jagdhunde und müssen, sofern sie nicht jagdlich ausgebildet werden sollen, in ihrer Jagdpassion gezügelt werden. Manche Hunde zeigen ihr Interesse an jagdbarem Wild erst ab eineinhalb oder zwei Jahren, es gibt aber auch einzelne Junghunde, die schon mit 6–8 Monaten Spuren oder sogar lebendes Wild verfolgen. Hier ist konsequentes Antijagdtraining unbedingt erforderlich! Nehmen Sie Ihren Junghund an die Schleppleine und erarbeiten Sie das „Hier" auch unter Ablenkung. Man kann verschiedene Hilfsmittel ausprobieren, um den Hund vom Jagen abzulenken, etwa mit einer Reizangel oder durch ein mehrwöchiges Schleppleinentraining. Einige Einzelstunden mit einem erfahrenen Hundetrainer helfen meist schnell weiter. Extrem wildreiches Gebiet sollte man meiden, um den Hund nicht unnötig in Versuchung zu führen. Besonders gefährlich ist es, wenn mehrere Ridgebacks im Rudel Wild aufspüren und verfolgen; sie sind schnelle, ausdauernde Jäger und haben reelle Chancen, Rehwild oder auch einen Hasen zu fangen. Und jedem, der bezweifelt, dass sein Ridgeback dem Wild auch nur ein Härchen krümmen würde, sei gesagt: Ridgebacks machen keine Gefangenen! Seinen Hund jagen zu lassen oder regelmäßig hinter Wild herhetzen zu lassen, ist unverantwortlich und kann großen Schaden anrichten. Gehetztes Wild kommt oft durch Erschöpfung zu Tode oder springt in Zäune oder auf Straßen. Einmal erfolgreich gejagt, bedarf es langem, mühsamem Training, um den Hund wieder sicher unter Kontrolle zu bekommen. Nehmen Sie deshalb die Jagdleidenschaft ernst und arbeiten ihr entgegen!

Freilaufende Ridgebacks können leicht zu Jägern werden.

Spaziergänge gestalten

Ihr Welpe wird sich freuen, täglich neue Wege zu entdecken und Abenteuer in Wald und Feld zu erleben. Alles ist neu und riecht spannend, er wird beeindruckt sein von den unzähligen Reizen seiner Umgebung. Mit der Zeit werden die Spaziergänge ausgedehnter und der Bewegungsradius des Hundes größer. Bauen Sie kleine Spielchen in den gewohnten Spaziergang ein, verstecken Sie sich hinter einem Baum, lassen Sie den Hund über Stämme klettern oder ein paar Leckerli suchen. So sind alle Ausflüge interessant für den Welpen und die Bindung zwischen Ihnen und Ihrem Hund wird gefestigt.

Natur erkunden

Neben den täglichen Routinerunden können Sie immer wieder Neues in den Spaziergang einbauen; ein kleiner Bach birgt viele Abenteuer, es gibt Stellen mit hohem Gras oder umgestürzte Baumstämme, die bezwungen werden wollen.

Tipp Signale auf einen Blick

Signal	Aktion des Hundes	Handzeichen
HIER	Freudiges Herankommen des Hundes zum Halter, später mit Vorsitzen zum Anleinen	Arm seitlich strecken und seitlich auf den Oberschenkel fallen lassen
SITZ	Sich hinsetzen und sitzen bleiben	Zeigefinger nach oben ausgestreckt
PLATZ	Sich hinlegen und liegen bleiben	Ausgestreckte Handfläche, die zum Boden zeigt
FUSS	Laufen am linken Bein des Halters mit durchhängender Leine oder frei	Handfläche klopft auf den Oberschenkel
BLEIB	Hund bleibt sitzen oder liegen, bis sein Halter zurückkommt	Handfläche zeigt in Richtung des Hundes
STEH	Hund steht ruhig und rührt sich nicht von der Stelle	
LAUF	Löst alle gegebenen Signale auf, Hund darf frei laufen	
AUS	Hund gibt Gegenstand in die Hand des Halters ab	
NEIN	Hund unterlässt Aufnahme eines Gegenstands, oder auch Abbruch des jeweiligen Verhaltens	

Freizeitpartner Rhodesian Ridgeback

Rhodesian Ridgebacks sind sportliche, aktive und anpassungsfähige Hunde. Sie freuen sich über jede körperliche Aktivität und über jede Abwechslung. Ganz gleich, ob Sie ausgedehnte Spaziergänge in der Natur unternehmen, einen Freizeitpartner für Hundesportaktivitäten suchen oder Ihren Hund gern ausstellen möchten, der Ridgeback ist ein echter Allrounder und ist immer gern dabei!

Ein echter Allrounder

Zusammen mit Ihnen kann der Welpe die Natur kennenlernen und wird immer selbstbewusster. Alles, was Sie ihm zeigen, wird er untersuchen wollen und erweitert damit seinen Erfahrungsschatz. Dehnen Sie langsam Ihre Spaziergänge aus und bringen Sie immer ein bisschen Abwechslung hinein, damit es spannend bleibt.

Hundefreundschaften

Hundefreundschaften sind sehr wichtig für jeden Hund. Ridgebacks sind gesellige, verspielte und aktive Hunde, die gern mit ihresgleichen rennen und toben. Auch im „Nahkampf" üben sie sich mit Vorliebe und können schier unendlich lange mit dem besten Kumpel spielen. Bauen Sie von Anfang an Hundefreundschaften auf, gehen Sie regelmäßig zusammen spazieren oder unternehmen Sie gemeinsame Ausflüge mit sportlichen Aktivitäten. Auch Schwimmübungen kann man bestens gemeinsam durchführen, denn die Hunde haben großen Spaß im Team.

Wenn man Ridgebacks erst mal mit Wasser vertraut gemacht hat, können sie sich zu regelrechten Wasserratten entwickeln!

Viele Freundschaften, die im Welpenalter geschlossen wurden, halten ein Hundeleben lang.

Oft sind erwachsene Ridgebacks wählerisch, wenn es um ihre Spielpartner geht. Mit Hunden, die sie von klein auf kennen, spielen und verstehen sie sich meist bis ins Alter.

Vorsicht ist in wildreicher Gegend geboten – im Rudel kommt die Jagdleidenschaft schneller durch, selbst wenn der einzelne Hund gut abrufbar ist. Gehen Sie deshalb mit mehreren Ridgebacks nur in überschaubarem Gelände oder in wildarmen Regionen spazieren. Unterschätzen Sie nie die Schnelligkeit und den Eifer, den Ridgebacks bei der Jagd entwickeln können. Der Satz: „Ridgebacks machen keine Gefangenen" hat schon so mancher erstaunte Ridgebackbesitzer nach dem ersten Jagderfolg seines Hundes erst so richtig verstanden.

Schwimmen

Ridgebacks sind in der Regel keine passionierten Wasserhunde, trotzdem gibt es viele gute Schwimmer, die Spaß an Wasser haben. Es gibt sogar einen Ridgeback, der zum geprüften Wasserrettungshund ausgebildet ist und Menschen aus dem Meer retten kann.

Sie sollten Ihren Welpen oder Junghund am besten im Sommer an das Wasser gewöhnen, wenn es nicht mehr ganz so kalt ist. Wichtig sind ein flacher Wassereinstieg, entsprechende Wasser- und Außentemperatur und viele Leckerli. Ein erfahrener, unerschrockener Hund, der gern schwimmt, vereinfacht das Ganze. Man wirft am besten schwimmende Leckerli in Ufernähe ins Wasser und lockt den Ridgeback so Stück für Stück hinein. Die meisten Hunde haben Hemmungen, sobald sie den Boden unter den Füßen verlieren und tatsächlich schwimmen müssen. Gut ist, wenn man selbst ins Wasser geht und den Hund locken kann; wenn Sie Glück haben, wird er Ihnen folgen und zu Ihnen schwimmen. Auch wenn es nicht beim ersten Mal klappt, wiederholen Sie die Schwimmversuche immer wieder, irgendwann funktioniert es meistens. Bei hartnäckigeren Fällen wirkt manchmal frischer grüner Pansen wahre Wunder: Er lässt den Ridgeback seine Wasserscheu vergessen. Sobald er schwimmt, wird er natürlich ausführlich gelobt und bekommt das Futter als Belohnung. Regelmäßige spielerische Wiederholungen lassen auch Ihren Ridgeback zum Schwimmer werden, man kann wunderbare Apportierübungen aus dem Wasser machen oder einfach nur den gemeinsamen Badespaß genießen. In der warmen Jahreszeit ist es eine willkommene Abwechslung zum täglichen Training und hält den Hund zudem sehr fit.

Sportliche Aktivitäten

Joggen

Ridgebacks sind ausdauernde Läufer und haben Spaß an der Bewegung in der freien Natur. Als Laufpartner sind sie ideal. Wichtig ist, dass die Hunde ausgewachsen sind und eine solide Grunderziehung haben, um längere Strecken mitlaufen zu können. Man kann mit 6–8 Monaten beginnen, den Junghund über eine kurze Strecke, etwa 200–300 Meter, an der kurzen Leine in langsamem Tempo neben sich hertraben zu lassen. Mit dem Hörzeichen „Lauf" setzt man sich langsam in Bewegung. Springt der Hund freudig los, gehen Sie einige Schritte und traben erst wieder los, wenn er ganz langsam neben Ihnen hertrottet. Hat das über eine kleine Strecke gut geklappt, loben Sie ihn und lassen ihn frei laufen. Dies wiederholen Sie ab und zu und erweitern allmählich die Strecke.

Wichtig ist nicht, dass Sie den jungen Hund auslasten, sondern dass er lernt, sich im gleichmäßigen Tempo neben Ihnen zu bewegen.

Ridgebacks sind ausdauernde und freudige Joggingpartner und haben Spaß am gemeinsamen Training.

Dies ist auch für Turnierhundsport oder Ausstellungen wichtig. Auf diesen kleinen Strecken ist das Joggen nicht schädigend für die Entwicklung des Hundes, es ist nur ein Bruchteil der Belastung, die beim Spiel mit anderen Hunden entsteht.

Sie können die Strecken langsam ausbauen und dem Alter entsprechend steigern. Ein ausgewachsener und gut trainierter Ridgeback kann auch Langstrecken absolvieren, 20–40 Kilometer sind bei passender Witterung kein Problem. Wenn der Hund gut erzogen ist und sein gleichmäßiges Tempo im Trab an Ihrer Seite läuft, kann er selbstverständlich auch ohne Leine laufen. Übrigens zeigen gut ausgelastete Ridgebacks auch deutlich weniger Interesse am Jagen.

Radfahren

Ebenso wie beim Joggen muss der junge Hund langsam an das Radfahren herangeführt werden. Man kann mit einer Hilfsperson beginnen, wobei einer das Fahrrad schiebt oder fährt und der andere mit dem jungen Hund nebenherläuft. Man kann ganz langsam einige Meter fahren und den Hund nebenhertraben lassen. Am besten führt man den Hund an der kurzen Leine auf der linken Seite. Wichtig ist, dass der Hund lernt, nicht vor das Rad zu laufen oder am Fahrer hochzuspringen. Dies kann mithilfe der Begleitperson geübt werden oder auch vom Fahrer selbst. Läuft der Hund vor das Rad, ruft man „Weiter“ und kann ihn leicht mit dem Reifen touchieren. Der Hund wird schnell lernen, dass er neben und nicht vor dem Rad laufen soll. Für bereits ausgebildete Hunde gibt es Vorrichtungen, die am Fahrrad installiert werden können. An einem Abstandhalter mit Anbindevorrichtung kann der Hund angeleint werden und hält so gleichmäßigen Abstand zum Fahrrad. Wenn der Ridgeback ausgewachsen ist und die Grundsignale gut beherrscht, kann man auch längere Touren mit dem Rad unternehmen. Ein gut ausgebildeter Hund kann natürlich auch frei am Rad laufen. Radfahren ist ein gutes Ausdauertraining. Ridgebacks lieben die Bewegung und man kann durchaus in die gleichmäßige Trabbewegung einen kleinen Sprint oder ein Wettrennen einbauen. Das macht Spaß und motiviert die Hunde sehr.

Die beste Gangart am Rad ist ein lockerer Trab; das kann der trainierte Ridgeback bei nicht zu heißer Witterung sehr lange durchhalten.

Für einen Hund gibt es kaum etwas Schöneres, als am Pferd mitzulaufen. Pferd und Hund sollten miteinander vertraut sein.

Reitbegleithund

Wenn Sie Ihren Ridgeback zum Reitbegleithund ausbilden möchten, beginnen Sie früh mit der Gewöhnung an Pferde. Nehmen Sie schon den Welpen unter Aufsicht mit zum Pferd und machen Sie die beiden Tiere miteinander vertraut. Die besten Voraussetzungen sind gegeben, wenn Sie ein Pferd haben, das Hunde kennt und ihnen wohlgesonnen ist. Pferde, die nach Hunden treten oder beißen, eignen sich nicht sonderlich gut.

Gehen Sie zuerst spazieren, ein gut erzogenes Pferd führen Sie rechts, den jungen Hund links. Gehen Sie einige Meter abseits von Straßen oder anderen Gefahrenquellen.

Loben Sie den kleinen Ridgeback, wenn er tapfer und gelassen neben dem Pferd herläuft. Bauen Sie die Spaziergänge mit den beiden aus und lassen Sie den Hund an überschaubaren Stellen auch frei mitlaufen. Gehen Sie ganz langsam und achten Sie darauf, dass der Welpe nicht vor dem Pferd herläuft. Ein Pferd, das an Hunde gewöhnt ist, wird auf den jungen Hund achten und ganz vorsichtig sein. Sie können auch das Pferd immer mal wieder grasen lassen, dem Hund kleine Signale wie „Sitz" geben und ihn loben. Meist wird der Hund im Wettstreit um die Gunst des Menschen seine Aufgaben schnell und freudig erledigen.

Rauf aufs Pferd!

Wenn Sie Ihre Spaziergänge ausgedehnt haben und der Ridgeback älter geworden ist, können Sie damit beginnen, aufs Pferd zu steigen und ihn mitlaufen zu lassen. Der Hund sollte Ihre Signale zuverlässig ausführen und nicht am Pferd hochspringen. Vor schwierigen Situationen wie an Straßenübergängen oder bei Begegnungen mit anderen Hunden sollten Sie rechtzeitig absteigen und den Hund anleinen. Geben Sie ihm auch dann konsequent seine Verhaltensanweisungen, „Steh" an der Straße oder „Fuß", wenn Hunde kommen. Ein gut erzogener Hund wird auch schnell seine Aufgaben befolgen, wenn Sie auf dem Pferd sitzen.

Beim „Naturagility“ hat schon der Junghund Abwechslung und Spaß.

Wandern

Ridgebacks sind tolle Wanderbegleiter. Bereits ab dem Junghundealter kann man sie auf kleinere Etappen mitnehmen und sie an die unterschiedlichen Voraussetzungen gewöhnen. Im Gebirge ist es wichtig, dass sie lernen, auf engen Pfaden oder über schmale Stege sicher zu gehen. Gondelfahren muss ebenso geübt werden wie steile Klettersteige und Geländeschwierigkeiten. Bedenken Sie gerade beim jungen Hund, dass Sie ihn auf keinen Fall überfordern, rechnen Sie auch ausreichend Zeit für Pausen und für den Rückweg ein. Futter und Wasser sollte man im Rucksack mitführen, ebenso ein Erste-Hilfe-Set für den Hund. Wenn Sie eine ungewohnt lange Strecke über steinigen Boden wählen, kann es zur Überlastung der empfindlichen Sohlenballen kommen. Trainieren Sie den Hund zuvor ausreichend auf festem Boden. Wenn Sie Übernachtungen auf Hütten planen, erkundigen Sie sich vorher, ob Hunde erlaubt sind, bevor Sie unangenehme Überraschungen erleben. Trainieren Sie vorher, dass sich der Hund von Ihnen punktgenau schicken lässt, zum Beispiel auf einem Agilityparcours, denn manche Steige sind nur mit nötiger Vorsicht zu erklettern. Im Zweifelsfall gehen Sie lieber einen Umweg oder wählen eine andere Tour aus. Auch in den Bergen gibt es Wild, Ihr Hund sollte zuverlässig abrufbar sein oder aber an der Leine geführt werden – eine abspringende Gemse ist vermutlich geländegängiger als Ihr Ridgeback.

Auf langen Wanderungen werden die Pausen mit der „Brotzeit“ für Hund und Mensch am meisten geschätzt.

Jagd und Schweißhundearbeit

Der Schwerpunkt der jagdlichen Ausbildung des Rhodesian Ridgebacks liegt in der Schweißarbeit. In der Jägersprache wird das Blut Schweiß genannt. Die Hunde werden auf die Spur von verwundetem Wild angesetzt und trainiert. Es gilt, angeschossene Wildtiere mithilfe der Hunde zu finden, das verletzte Wild kann dann vom Jäger erlegt werden.

Ridgebacks besitzen eine sehr gute Nase, Finderwille, also den Drang, das verletzte Wild schnell zu finden, Schnelligkeit und eine instinktive Vorsicht beim Stellen von wehrhaftem Wild wie zum Beispiel Sauen, die für jeden Hund gefährlich sein können, vor allem, wenn sie verletzt sind. Die Hunde sind meist sicht- und standlaut. Das bedeutet, dass sie eine Art helles Bellen ausstoßen, sobald sie Wild sichten. Beim Standlaut bellt der Hund, wenn das verletzte Wild gefunden ist. Viele Ridgebacks eignen sich hervorragend als Schweißhunde und erbringen beachtliche Leistungen.

Der Hund kann bereits als Welpe spielerisch mit den verschiedenen Wildarten vertraut gemacht werden. Dazu kann man ihn auch gut mit der Reizangel trainieren.

Neben der Fährtenarbeit wird auch das Verweisen geübt in Form von extra angelegten Verweiserbahnen. Man gibt dem jungen Ridgeback kleine Beutestücke, wie zum Beispiel ein Rehfell, auf die Fährte, das vom Hund angezeigt, also verwiesen, werden muss.

Zusätzlich wird der Hund behutsam an den Schuss herangeführt, damit er im Ernstfall nicht panisch reagiert, wenn ein Tier erlöst werden muss. Hier ein Beispiel der Ausbildungsarbeit beim jungen Hund:

Fährten legen

Mit einem sogenannten Fährtenschuh werden Kunstfährten für den Hund gelegt; dazu wird eine Art Schuh benutzt, der mit einem starken Absatz den Boden verletzt und so die Spur für den Hund im Gelände markiert. Ab und zu wird ein wenig Schweiß, also Tierblut, auf der Kunstfährte aufgetragen, um dem Hund die Fährte zu bestätigen und einen Anreiz zu schaffen. Für den Hundeführer werden diese Kunstfährten markiert, um zu zeigen, dass man auf der richtigen Spur ist. Es gibt auch ein Fährtenprotokoll, in dem der genaue Verlauf der Fährte eingetragen wird. Wichtig ist, dass der Hund beim Training immer zum Ziel findet und dort ausgiebig belohnt wird.

Ridgebacks sind beste Jagdpartner mit ausgezeichneter Nase.

Tipp Fährtenaufbau in der Ausbildung

Alter des Hundes in Monaten	Fährtenart	Ort oder Umgebung	Stehzeit der Fährte in Stunden
2	Futterschleppe oder Wildschleppe mit Futterstückchen, 10–50 m	Garten, Revier	Sofort
2–3	Wie oben, 50–100 m	Revier, Wiese o. leichtes Gelände	3–4
3–5	Getretene Fährte bis zu 200 m	Revier, ab jetzt wechselndes Gelände und Böden	4–8
5–8	Getretene Fährte bis zu 600 m	Revier wie oben mit Verleitung	12 Stunden über Nacht
8–12	Getretene Fährte bis zu 1 000 m	Revier wie oben mit Verleitung	18 Stunden über Nacht
12–18	Getretene Fährte über 1 000 m	Revier wie oben mit Verleitung	24 Stunden über Nacht
über 18	Getretene Fährte über 2 000 m	Revier wie oben mit Verleitung	40 Stunden

Geduldig wartet Tarou, bis sie endlich suchen darf.

Fährtenarbeit

Ridgebacks sind hervorragende Fährtenhunde und können bei guter Ausbildung tolle Ergebnisse erzielen.
Bei der Fährtenarbeit im Hundesport wird von einem Fährtenleger eine Spur, die Fährte, gelegt. Dabei legt er Gegenstände auf die Fährte (zum Beispiel ein Spielzeug oder einen Handschuh) oder kleine Futterteile, die der Hund bei der Ausarbeitung der Fährte entweder verweisen, also anzeigen, oder aufnehmen soll. Der Halter folgt dem Hund auf der Fährte mit etwa 10 Metern Abstand. Je nach Ausbildungsstand des Hundes wird die Fährte vom Hund eine bestimmte Zeit (20 min bis 3 h) nach der Fährtenlegung ausgearbeitet.

Man unterscheidet Eigenfährten und Fremdfährten. Bei der Eigenfährte wird die Fährte vom Hundeführer selbst gelegt und bei der Fremdfährte von einer anderen Person. Der Hund folgt bei der Fährtenarbeit dem Geruch der mechanischen Spur. Das Geruchsbild entsteht durch die beschädigte Erdoberfläche, zertretene Pflanzen und Mikroorganismen. Fährtenarbeit wird vor allem als Sport ausgeübt und man kann Prüfungen ablegen; Ridgebacks eignen sich sehr für diese Art der Ausbildung.

Info | Fit für den Sport

Ist Ihr Ridgeback gesund?

- ED und HD sind kein Thema für ihn, eventuell ist er bereits geröntgt und für okay befunden.
- Ist Ihr Hund schon mindestens ein Jahr alt?
- Hat Ihr Hund eine gute Grundkondition und ist nicht zu dick?
- Ist Ihr Hund in bester körperlicher Verfassung?
- Sein Grundgehorsam funktioniert auch unter Ablenkung?
- Er ist regelmäßig entwurmt und geimpft?

Alle Fragen mit „Ja“ beantwortet? Dann stürzen Sie sich ins aktive Leben!

Andere Sportarten

Natürlich gibt es noch diverse andere Sportarten, die man gut mit Ridgebacks ausüben kann. Agility, Mantrailing, Turnierhundsport, Gespannfahren oder Coursing sind nur einige davon. Aufgrund ihrer Vielseitigkeit und Anpassungsfähigkeit werden Sie sicher die geeignete Freizeitbeschäftigung für sich und Ihren Hund finden.

Ganz gleich für welchen Sport oder für welche Aktivität Sie sich entscheiden, Sie werden mit Ihrem Ridgeback eine Menge Spaß haben!

Was ein absolutes Tabu sein sollte, ist Schutzdienst an Personen. Der Ridgeback hat eine natürliche Schärfe, die er wirklich nur dann einsetzt, wenn es eine Situation erforderlich machen würde. Hetzarbeit auf dem Hundeplatz ist ein No-go für jeden Ridgeback!

Ausstellungen

Ridgebacks sind beliebte Ausstellungshunde; in den letzten Jahren hat sich diese athletische, beeindruckende Rasse einen vorderen Platz unter den am häufigsten gezeigten Hunderassen ergattert. Auf großen Hundeausstellungen in Deutschland findet man kaum weniger als 100 gemeldete Ridgebacks, 150 und mehr sind keine Seltenheit. Über Sinn oder Unsinn von Hundeausstellungen mag man streiten, für Züchter geben sie Auskunft über den Stand der eigenen Zucht. Für Zuchtzulassungsprüfungen müssen Hunde eine gewisse Anzahl an Zuchtschauen mit einer bestimmten Bewertung absolviert haben. Schauen repräsentieren das Erscheinungsbild und den jeweiligen Stand einer Rasse, für Rasseliebhaber dienen sie der Information und der Kontaktpflege. Veranstalter sind die Landesverbände des VDH, der VDH selbst oder aber die ihm angeschlossenen Rassehundevereine. Bewertet werden die Hunde von Zuchtrichtern anhand des Rassestandards, der bei der FCI, der Weltorganisation der Rassehundezuchtvereine, hinterlegt ist. Wie bei den Züchtern gibt es auch hier eine Vielzahl von schwarzen Schafen, es gibt Vereine oder dubiose Veranstalter, die Schauen organisieren, deren Bedeutung jedoch absolut nutzlos ist. Ein Weltsiegertitel, errungen in einer dörflichen Turnhalle in Konkurrenz mit 23 anderen Hunden unterschiedlicher Rasse und Herkunft, muss nicht extra bewertet werden. Ausstellen ist wie jeder andere Einsatz mit Hunden mit Arbeit und Geduld verbunden.

Zwei wunderschöne Rassevertreterinnen in der typischen Farbe Rotweizen.

Mit welchem Hund zur Ausstellung?

Bereits bei der Auswahl des Züchters und des Welpen sollten Sie Ihren Wunsch, mit Ihrem Ridgeback Ausstellungen zu besuchen, äußern und sich einem erfahrenen, erfolgreichen und vor allem ehrlichen Züchter anvertrauen. Lassen Sie sich beraten und bei der Auswahl eines vielversprechenden Welpen unterstützen. Nicht in jedem Wurf sind potenzielle Champions, viele Faktoren müssen passen; auch die Entwicklung des Welpen muss komplikationslos erfolgen.

Er sollte schon im Welpenalter ein vielversprechendes Exterieur und ein sicheres, angstfreies Wesen haben. Generell gilt immer: Kein Hund wird als Champion geboren; man muss einen Welpen mit guten Anlagen erwerben und ihn dann entsprechend ausbilden, trainieren und das richtige Quäntchen Glück haben, um auf Ausstellungen erfolgreich zu sein.

Übung macht den Meister

Natürlich muss man mit dem Hund vor einer Ausstellung üben und zwar kleine Übungen wie Stehen und Laufen im Ring. Zudem sollte sich der Ridgeback anfassen und in den Fang schauen lassen.

Ein inzwischen an vielen Stellen angebotenes Ringtraining kann genutzt werden, um gemeinsam mit anderen Hunden den Ausstellungsablauf zu üben. Wer gut vorbereitet ist, hat auf Schauen weit größere Chancen als Ungeübte. Außerdem ist man in der Regel auch weniger nervös und kann seinem Hund mehr Sicherheit im Ring vermitteln.

Von den ganz Jungen bis zu den Veteranen starten die Hunde in unterschiedlichen Klassen.

Am Schautag

Am Schautag sollte der Hund gebürstet werden, die Krallen nicht zu lang und die Zähne sauber sein. Fahren Sie nicht zu spät los und halten Sie Impfpass und Meldebestätigung bereit, diese werden bereits am Eingang kontrolliert. Hier erhalten Sie auch einen Katalog mit den gemeldeten Hunden.

Am Ring

Suchen Sie den für Ihre Rasse vorgesehenen Ring auf und richten Sie sich am Rand des Rings einen Platz ein. Es empfiehlt sich, frühzeitig vor Beginn des Richtens am Ring zu sein, denn so können Sie sich einen guten Platz sichern, Ihre Ausrüstung auspacken und aufbauen, den Hund bereits einmal im Ring Probe laufen lassen und sich eventuell noch umziehen. Ihre Startnummer können Sie am Richtertisch vor dem Beginn des Richtens abholen. Achten Sie auf die Reihenfolge des Richtens, um Ihren Einsatz nicht zu verpassen.

Wenn die Klasse Ihres Hundes aufgerufen wird, laufen alle Hunde der Klasse nach der Reihenfolge der Startnummern in den Ring ein. Man stellt die Hunde zur Bewertung vor dem Richter auf, jeder Hund wird dann einzeln bewertet und erhält einen Richterbericht. Aus den Hunden mit einer vorzüglichen oder sehr guten Bewertung wird der Richter die Hunde auswählen, die zum Schluss auf den Rängen 1–4 bewertet werden. Die Sieger jeder Klasse treten am Ende gegeneinander an, aus Rüden und Hündinnen gemeinsam wird der Rassebeste, der BOB (Best of Breed) ermittelt.

Eine hoch prämierte Hündin, die sicher lieber Würste statt Pokale gewonnen hätte.

Ridgebacks sind sehr gesellige Hunde.

Ein zweiter Ridgeback?

Viele Rasseliebhaber möchten gern einen zweiten oder auch einen dritten Ridgeback zu sich nehmen. Der Vorteil besteht darin, dass man fast immer einen geeigneten Spielpartner für seinen Ridgeback hat und dass sich die geselligen Hunde unter ihresgleichen sehr wohl fühlen. Allerdings sollte man auch bedenken, dass man über ausreichend Zeit für die Auslastung und Erziehung eines Zweithundes verfügen muss. Zudem stellen zwei Hunde bereits ein Kleinrudel dar inklusive rudeltypischer Verhaltensweisen. Es kann dazu kommen, dass das unerwünschte Jagdverhalten, das bei Ihrem ersten Hund vielleicht gar nicht ausgeprägt war oder erfolgreich umgelenkt wurde, schnell zum Vorschein tritt und zu sehr unangenehmen Situationen führt. Zwei jagende Ridgebacks sind oft erfolgreich in ihrem Vorhaben und meist nur schwer zu bremsen. Einem Rudel kann in den Sinn kommen, andere Hunde gemeinsam zu mobben, auch wenn der einzelne Hund ansonsten unauffällig und gut sozialisiert ist. Nach dem Motto „Gemeinsam sind wir stark" kommen sehr schnell recht ursprüngliche und nicht immer angenehme Verhaltensmuster zutage, die es zu regulieren gilt. Ob es um Leinenführigkeit oder anderen Grundgehorsam geht, sie müssen bei mehreren Hunden besonders intensiv trainiert werden. Jeder Hund bedarf einer individuellen und konsequenten Erziehung, damit man auch im Alltag ohne Stress spazieren gehen kann.

Das Geschlecht

Wer Rüde und Hündin zusammen halten möchte, sollte ein stimmiges Konzept haben, wie die Haltung der Hunde während der Läufigkeit der Hündin funktioniert. Im gleichen Haushalt ist dies nur in Hauskennelhaltung möglich und eine psychische Qual für beide Hunde. Hat man die Möglichkeit, Rüde oder Hündin während der Stehtage in einer anderen Wohnung zu halten, ist dies sicher der bessere Weg. Bedenken Sie, dass, wenn Sie Rüde und Hündin mit dem Gedanken an eine eventuelle spätere Verpaarung anschaffen, dies bei den erwachsenen Hunden nicht unbedingt passen muss, auch wenn man das natürlich erhofft. Rüde und Hündin als Paar zu halten, stellt auch im Alltag kein geringes Problem dar, denn meist hat man kaum noch Sozialkontakte mit anderen Hunden, da das Minirudel Besitzansprüche an den jeweiligen Partner stellt. Der Rüde wird „seine Hündin" gern vor anderen Rüden verteidigen und auch Hündinnen teilen ungern ihre Jungs mit fremden Mädels – Konflikte sind vorprogrammiert.

Gleiches Geschlecht

Wählt man einen Zweithund des gleichen Geschlechts aus, ist ein deutlicher Altersunterschied wichtig. Zwei oder besser drei Jahre sollten mindestens zwischen Erst- und Zweithund des gleichen Geschlechts liegen. Das hat den Vorteil, dass der Ersthund in der Regel bereits bestens erzogen ist und über eine gewisse Souveränität verfügt und dass der Neuankömmling dem Ersthund aufgrund des Altersunterschiedes absoluten Respekt zollt. Geht der Rudelführer entsprechend sorgsam mit der Erziehung um, wird es selten zu ernsthaften Auseinandersetzungen kommen. Hündinnen können in den Phasen der Läufigkeit zu Unverträglichkeiten neigen, dies muss bereits im Ansatz unterbunden werden.

Ein gut sozialisiertes Rudel trägt auch mehrere Tiere des gleichen Geschlechts, selbst während Geburten und der Welpenaufzucht. Unsere Hündinnen dulden sich gegenseitig, auch bei der Pflege und Versorgung der Welpen.

Ist der Ersthund zu alt oder körperlich nicht mehr fit, muss man gut abwägen, ob man mit dem Erwerb eines Zweithundes dem alten Ridgeback nicht zu viel zumutet. Junge Ridgebacks sind wilde Racker, können schon mit wenigen Monaten massive Kräfte entwickeln und älteren Hunden ungewollt zusetzen. Für den Senior ist eine „junghundfreie Zone“ wichtig und sollte respektiert werden.

Kaufen Sie niemals zwei Wurfgeschwister, nie zwei Hunde, die weniger als zwei Jahre Altersunterschied und das gleiche Geschlecht haben, wenn Sie „Rudelstress“ vermeiden möchten. Bedenken Sie auch den benötigten Platz im Auto, die Unterbringung im Urlaub, im Restaurant und dergleichen. Wer dies alles hundegerecht managen kann, hat sicher viel Freude an seinem Ridgebackrudel!

Wenn einzelne Rudelmitglieder beginnen, andere zu mobben, sollte der Rudelchef eingreifen.

Mit dem Ridgeback auf Reisen

Wie die meisten Hunde genießen es auch Ridgebacks, wenn sie ihre Familie in den Urlaub begleiten dürfen. Sie sind anpassungsfähige, ausgeglichene Hunde, und inzwischen gibt es von der Berghütte bis zum Luxushotel viele Möglichkeiten, Urlaub mit Hund zu machen.

Gewöhnen Sie Ihren Ridgeback rechtzeitig an längere Autofahrten und machen Sie alle paar Stunden eine Pause mit Spaziergang. Am besten fährt man ein kleines Stück von der Autobahn ab und nutzt einen Feld- oder Waldweg fern des großen Verkehrs. Nehmen Sie Wasser und einen Trinknapf mit; füttern sollte man unterwegs lieber nicht, es sei denn, man verbindet dies mit einer längeren Pause. Achten Sie darauf, dass der Hund ausreichend Platz hat, um bequem liegen zu können, und dass das Gepäck sicher verstaut ist, damit es nicht auf den Hund fallen kann.

Ridgebacks sind sehr anpassungsfähig. Hauptsache, sie sind dabei.

Info | Reisegepäck

- Schlafdecke
- Wasser und Futterschüssel
- Futter, eventuell Kauknochen
- Bürste, Handtücher
- Reiseapotheke
- Leine, Halsband mit Adressangaben
- Impfpass
- Eventuell eine Liste mit Tierärzten oder Kliniken

Immer gut informiert

Vergewissern Sie sich bereits bei der Buchung, dass in Ihrem Feriendomizil auch große Hunde willkommen sind und dass es genügend Auslaufmöglichkeiten gibt. An vielen Stränden gibt es vor allem in den Sommermonaten ein Hundeverbot, auch hier ist eine Information vor Reiseantritt sinnvoll. An einigen Orten gibt es auch spezielle Hundebadestrände.

Achten Sie darauf, dass an südlichen Stränden ausreichend Schattenplätze vorhanden sind, denn auch Ridgebacks sollten nicht allzu lange der prallen Sonne ausgesetzt werden.

Wenn Sie einen Skiurlaub mit Hund planen, sollten Sie sich nach Spazierwegen abseits der Pisten erkundigen.

Für alle europäischen Länder gelten bestimmte Einreisebestimmungen, die Sie beim Tierarzt, dem ADAC oder im Internet erfahren können. Wichtig ist, dass Ihr Hund einen EU-Heimtierpass besitzt, in dem alle Impfungen eingetragen sind. In der Regel gilt die dreijährige Tollwutimpfung, einige Länder haben noch spezielle Anforderungen an Impfungen oder Entwurmungen. Für Skandinavien und Großbritannien muss vorher der Tollwuttiter bestimmt und eingetragen werden, Ihr Tierarzt kann Ihnen alle Details nennen.

Wenn Sie Fertigfutter füttern, sollten Sie eine gut verschließbare Futterbox mitnehmen, in der Sie das Futter aufbewahren. Wenn Sie Frischfleisch füttern, sollten Sie einige Portionen in einer Kühltasche mitführen, den Rest müssen Sie vor Ort organisieren, was nicht immer einfach ist.

Es langsam angehen lassen

Fangen Sie mit kleinen Touren zur Eingewöhnung an, gerade bei Wanderungen im Gebirge, und überfordern Sie Ihren Hund nicht. Steigern Sie allmählich die Streckenlänge!

Achten Sie in fremden Gewässern auf Strömungen und Gefahren. Nicht alle Hunde kennen Salzwasser und trinken in den ersten Tagen davon. Das kann zu erheblichen Durchfällen führen und erschwert den Urlaub. Lassen Sie sich von Ihrem Tierarzt eine Notfallapotheke zusammenstellen, sodass Sie sich notfalls selbst helfen können, wenn es zu kleinen Zwischenfällen kommt. Nehmen Sie die Hinterlassenschaften Ihres Hundes in einem speziellen Tütchen mit und entsorgen diese. Achten Sie darauf, dass sich Ihr Ridgeback ordentlich benimmt und ein gutes Bild für die Rasse abgibt.

Wenn Sie Ihren Ridgeback im Hotel allein lassen müssen, sollten Sie sicher sein, dass er ruhig und gelassen im Zimmer bleibt. Ein schreiender oder bellender Hund stört alle anderen Gäste!

Ein guter Begleiter für die ganze Familie.

Zum Weiterlesen

Speziell über Rhodesian Ridgebacks

Linda Costa: **Rhodesian Ridgeback Pioneers.** Kantara, Australien 2004

Petra Stracke: **Rhodesian Ridgeback.** Kosmos 2010

Welpen- und Erziehungsbücher

Petra Führmann/Nicole Hoefs/Iris Franzke: **Die Kosmos Welpenschule.** Kosmos 2004

Petra Führmann/Iris Franzke: **Zwei Hunde – doppelte Freude.** Kosmos 2005

Nicole Hoefs/Petra Führmann: **Das Kosmos Erziehungsprogramm für Hunde.** Kosmos 2006

Martin Rütter: **Hundetraining mit Martin Rütter.** Kosmos 2006

Perdita Lübbe-Scheuermann/Frauke Loup: **Unser Welpe.** Kosmos 2006

Sabine Winkler: **Hundeerziehung.** Kosmos 2009

Verhalten und Wesen

Günther Bloch/Elli H. Radinger: **Wölfisch für Hundehalter.** Kosmos 2010

Michael Grewe/Inez Meyer: **Hunde brauchen klare Grenzen.** Kosmos 2010

Barbara Handelmann: **Hundeverhalten.** Kosmos 2010

Martin Rütter: **Angst bei Hunden.** Kosmos 2008

Barbara Schöning: **Hundeverhalten.** Kosmos 2008

Barbara Schöning: **Hundesprache.** Kosmos 2004

Zucht

Dr. Helga Eichelberg: **Hundezucht.** Kosmos 2006

Carola Kusch: **Die Hündin.** Kosmos 2004

Sonstiges

Dorothee Schneider/Armin Hölzle: **Fährtentraining für Hunde.** Kosmos 2005

Patricia McConnell: **Das andere Ende der Leine.** Kynos Verlag 2008

Frank Lausberg: **Erste Hilfe für den Hund.** Kosmos 2009

Helmut Meyer/Jürgen Zentek: **Ernährung des Hundes.** Parey Verlag 2005

Laurens van der Post: **Wenn Stern auf Stern aus der Milchstrasse fällt.** Diogenes Verlag 2004

Laurens van der Post: **Durchs große Durstland müsst ihr ziehen.** Diogenes Verlag 2006

Nützliche Adressen

Verband für das Deutsche Hundewesen (VDH)
Westfalendamm 174
D-44041 Dortmund
Tel.: 0231 56 50 00
Fax: 0231 59 24 40
Info@vdh.de
www.vdh.de

Österreichischer Kynologenverband (ÖKV)
Siegfried-Marcus-Str. 7
A-2362 Biedermannsdorf
Tel.: +43 (0) 22 36 710 667
Fax: +43 (0) 22 36 710 667 30
Office@oekv.at
www.oekv.at

Schweizerische Kynologische Gesellschaft (SKG)
Brunnmattstrasse 24
CH-3007 Bern
Tel.: +41 (0) 31 306 62 62
Fax.: +41 (0) 31 306 62 60
info@skg.ch
www.skg.ch

Deutsche Züchtergemeinschaft Rhodesian Ridgeback e. V. (DZRR)
Ute Wagner
Stephanstraße 10
D-97424 Schweinfurt
Tel: 09721/646 96 66
Fax: 09721/646 96 64
Geschaeftsstelle@dzrr.de

Club zur Erhaltung der Laufhunde des Südlichen Afrika e. V. (E.L.S.A.)
Geschäftsstelle
Monika Cramer-Haar
Sonnenhalde 46
72138 Kirchentellinsfurt
Tel.: 0 71 21/90 87 45
Fax: 0 71 21/90 87 46
geschaeftsstelle@club-elsa.de

Rhodesian Ridgeback Club Deutschland e. V. (RRCD)
Geschäftsstelle
Verena Schmidt
Fritz-Reuter-Str. 68
D-144867 Bochum
Tel.: 02327/36209
geschaeftsstelle@rrcd.de

Rhodesian Ridgeback Club Österreich (RRCÖ)
Anton Fürst
Löhnergasse 10/1
A-1120 Wien
Tel. +43 (0) 699/10633015
praesident@rhodesian-ridgeback.at

Rhodesian Ridgeback Club Schweiz (RRCS)
Sigrid Lüber
Schlossbergstr. 44
CH-8820 Wädenswil
Tel: +41 (0) 794752687
info@rhodesianridgeback.ch

Ridgeback in Not
Birgit Linnert
Kurzer Weg 1
D-23556 Lübeck
Tel: 0451/4988292
notfall@ridgeback-in-not.de

Homepage der Autorin: www.ndoki.de
Homepage der Fotografin: www.stuewer-tierfoto.de

Register

Bildnachweis

142 Farbfotos wurden von Sabine Stuewer/Kosmos für dieses Buch aufgenommen. Weitere Farbfotos von Linda Costa (3; S. 6 beide, 7), Claudia Körner (2; S. 68 unten links und unten rechts) und Verena Scholze/Kosmos (3; S. 57 alle 3).

Impressum

Umschlaggestaltung von eStudio Cálamar unter Verwendung von vier Farbfotos von Sabine Stuewer/Kosmos

Mit 154 Farbfotos.

Dank

Einen besonderen Dank meiner Freundin Linda Costa aus Australien (Sarula-Kennel), für die Verwendung der historischen Ridegbackfotos in diesem Buch. Die Fotos sind ihrem Buch: Rhodesian Ridgeback Pioneers entnommen (Kantara Verlag, Aus.)

Alle Angaben in diesem Buch erfolgen nach bestem Wissen und Gewissen. Sorgfalt bei der Umsetzung ist indes dennoch geboten. Autorin und Verlag übernehmen keinerlei Haftung für Personen-, Sach- und Vermögensschäden, die aus der Anwendung der vorgestellten Materialien und Methoden entstehen können.

FSC® www.fsc.org MIX Papier aus verantwortungsvollen Quellen FSC® C022125

Gedruckt auf chlorfrei gebleichtem Papier

ISBN 978-3-440-12541-0
Redaktion: Alice Rieger
Gestaltungskonzept: eStudio Calamar
Gestaltung und Satz: akuSatz, Stuttgart
Produktion: Eva Schmidt
Printed in Germany/Imprimé en Allemagne

gkf Forschung für den Hund

Der KOSMOS-Verlag ist Mitglied in der Gesellschaft zur Förderung Kynologischer Forschung e.V.
www.gkf-bonn.de

Rassestandard Rhodesian Ridgeback

FCI Standard 146 vom 10.12.1996
Übersetzung: J. Eberhardt
Herkunft Südliches Afrika. Standard erstellt von der Kennel Union des Südlichen Afrika und dem Simbabwe Kennel Club.
Publikation des gültigen Originalstandards vom 10.12.1996
Verwendung: Der Rhodesian Ridgeback wird noch immer zur Jagd von Wild in vielen Teilen der Welt verwendet, aber er wird auch als Wachhund und Familienmitglied besonders geschätzt.
Klassifikation FCI
Gruppe 6
Laufhunde, Schweißhund und verwandte Rassen ohne Arbeitsprüfung